초보 식물 집사를 위한

파밍순의 홈가드닝 가이드

초보 식물 집사를 위한

파밍순의
홈가드닝 가이드

ISBN : 978-89-314-6753-6

독자님의 의견을 받습니다.

이 책을 구입한 독자님은 영진닷컴의 가장 중요한 비평가이자 조언가입니다. 저희 책의 장점과 문제점이 무엇인지, 어떤 책이 출판되기를 바라는지, 책을 더욱 알차게 꾸밀 수 있는 아이디어가 있으면 팩스나 이메일, 또는 우편으로 연락주시기 바랍니다. 의견을 주실 때에는 책 제목 및 독자님의 성함과 연락처(전화번호나 이메일)를 꼭 남겨 주시기 바랍니다. 독자님의 의견에 대해 바로 답변을 드리고, 또 독자님의 의견을 다음 책에 충분히 반영하도록 늘 노력하겠습니다.

이메일 : support@youngjin.com
주　소 : (우)08507 서울특별시 금천구 가산디지털1로 128 STX-V타워 4층 401호
등　록 : 2007. 4. 27. 제16-4189호

파본이나 잘못된 도서는 구입하신 곳에서 교환해 드립니다.

STAFF

저자 파밍순 | **총괄** 김태경 | **진행** 윤지선 | **표지·내지디자인** 강민정 | **편집** 김소연
영업 박준용, 임용수, 김도현 | **마케팅** 이승희, 김근주, 조민영, 김민지, 김도연, 김진희, 이현아
제작 황장협 | **인쇄** 제이엠

초보 식물 집사를 위한

파밍순의 홈가드닝 가이드

파밍순 지음

YoungJin.com Y.
영진닷컴

목차

Part 2 / 집에서 기르기 - 관엽식물편

Part 3 / 집에서 기르기 - 허브식물편

Part 4 / 집에서 기르기 - 채소작물편

Part 5 / 그리고 더 궁금할 수 있는 질문들

프롤로그

농사·텃밭·식물생활 지식 채널, 파밍순 이야기

텃밭 작물과 집 안의 식물들을 잘 키우는 방법을 한눈에 볼 수 있는 곳이 있을까?

'식물에 대한 모든 정보가 온다(커밍 순)'라는 뜻인 파밍순(Farming soon)은 2021년 7월, 작은 인스타그램 계정으로 시작했습니다. 운이 좋게도 저희가 올리는 농사와 식물에 대한 콘텐츠를 점점 더 많은 분들이 좋아해 주시면서, 더 좋은 정보를 나눌 수 있게 되었지요. 어느덧 파밍순은 인스타그램뿐 아니라 다양한 블로그와 밴드 등 다양한 온라인 공간에서 약 2만 명 이상의 식물 집사들에게 정보를 제공하는 채널로 성장하게 되었습니다.

그중에서도 집 안에서 키우는 관엽식물에 대한 콘텐츠는 항상 많은 관심을 받았습니다. 많은 분이 식물의 간단한 특징부터 식물에게 달라붙는 병충해 등 다양한 정보를 알고 싶어 하셨어요. 모두 자신들의 식물을 더 잘 키우고 싶은 마음은 같으니까요.

휘발성이 강한 온라인 콘텐츠의 특성상 필요한 정보를 못 보고 지나치는 경우가 많았기에, 파밍순 팀은 그동안 다뤘던 식물은 물론 더 다양한 식물들의 가드닝 정보를 책으로 엮게 되었습니다. 저희 계정의 콘텐츠를 좋게 평가해 주시고, 책으로 엮게 도와주신 출판 팀 분들께 감사의 인사를 드립니다.

정답이 없는 식물 키우기를 위한 최소한의 가이드

출판사로부터 가드닝과 집 식물 키우기에 관련한 책을 써보면 어떻겠냐는 감사한 제안을 받았을 때, 저희가 그동안 제공했던 정보가 100% 정확한지, 정답이라고 할 수 있을지 많은 고민을 하게 되었습니다. 어쩌면 식물 키우기에는 정답이라고 할 수 있는 것이 아예 없을 수도 있다는 생각도 했습니다.

하지만 이 책은 식물이 주는 의미를 찾기 위해 식물을 키우게 된 모든 분들(또는 식물 키우기를 준비하는 분들)을 위한 최소한의 가이드가 되고자 했습니다. '최소한'이라고 표현한 이유는, 식물에 대해 더 자세히 알아갈수록 식물을 최고로 잘 키우는 방법에는 정답이 없음을 알아가기 때문입니다. 식물이 건강하지 못한 것은 딱 한 가지 원인보다는 여러 현상이 복합적으로 작용해서인 경우가 많기 때문이지요.

다양한 원인을 알고 분석하여 내 식물에 적용할 수 있도록, 실내 식물을 키우기 위해 꼭 알아두어야 할 기본적인 정보부터 많은 분들이 궁금해하는 소소한 질문들까지 차근차근 다뤄보도록 하겠습니다.

파밍순과 함께 우리 집 식물 키우기, 시작해볼까요?

파밍순, 커밍쑨!

책 한눈에 보기

식물에 대해 아무것도 모르는 초보, 또는 예비 식물 집사를 위한 기본 레슨을 받고 나면, 이제 관엽식물, 허브, 채소를 집에서 기르기 위한 기본 정보를 알아볼 차례입니다. 첫 페이지에서는 해당 식물의 기본적인 정보, 학명과 원산지, 키우기 난이도와 반려동물과의 궁합을 확인할 수 있습니다. 옆의 페이지에서는 식물에 적합한 빛, 물주기, 온도 등 조금 더 자세한 정보를 담았습니다. 아래에는 파밍순이 제공하는 특별한 관리팁도 담았어요!

학명 / Monstera Spp.
원산지 / 중앙·남아메리카
키우기 난이도 /
반려동물 / 주의

식물을 알아가기 위한 학명과 원산지 정보, 키우기 난이도, 그리고 실내에서 키우는 분을 위해 반려동물과의 궁합을 적어두었어요.

크고 갈라진 잎의 매력

몬스테라

학명 / Monstera Spp.
원산지 / 중앙·남아메리카
키우기 난이도 /
반려동물 / 주의

몬스테라는 좋지 않은 환경에서도 잘 자라는 열대식물입니다. 무늬가 다양하고 잎이 찢어지는 모습이 매력적이어서 인기가 많아요. 원산지만큼이나 덥고 습한 환경을 좋아합니다.
몬스테라의 성장속도는 매우 빠른 편입니다. 원산지에서는 6m 이상의 크기로 자라나고 잎의 크기만 1m에 육박하기도 합니다. 대부분의 실내 환경에서 잘 적응해서 초보 식물 집사가 기르기에 적합한 식물입니다.

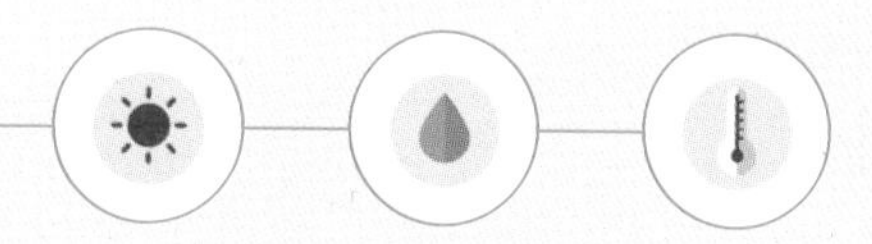

각 식물이 햇빛과 물을 어느 정도로 필요로 하는지,
그리고 적정 생육 온도는 몇 도인지 등을 한눈에 볼 수 있어요.

햇빛을 좋아해요

몬스테라는 기본적으로 빛을 좋아하는 식물입니다. 빛이 부족하면 성장이 느려지고 가지의 마디가 길어집니다. 하지만 여름철~초가을의 직사광선은 잎에 좋지 않을 수 있기 때문에, 해가 한 번 걸러 들어오는 양지 또는 반음지에서 키우면 좋습니다.

수분 저장 능력이 좋아요

몬스테라의 줄기와 잎은 수분을 저장하는 능력이 뛰어난 편입니다. 봄부터 가을까지는 겉흙(흙 표면에서 10~20% 깊이의 흙)이 말랐을 때, 물이 화분 받침에서 살짝 빠져나올 정도로 주면 좋습니다. 겨울에는 화분 속 50~60% 깊이의 흙이 말랐을 때 줍니다.

10~27°C

열대식물이기 때문에 저온에 약한 편입니다. 몬스테라의 한계 온도는 10°C 정도이지만, 16°C 이하로만 떨어져도 성장 속도가 정체되고 냉해를 입을 수도 있으니 주의하세요. 겨울철에는 집 안으로 옮겨 주는 것이 좋습니다.

파밍순의 관리팁

① 몬스테라의 사계절

몬스테라 분갈이를 하기에 가장 좋은 시기는 봄입니다. 추위에서 벗어나 성장이 활발해지는 시기이기 때문입니다. 가을에서 겨울로 넘어가면서 기온이 낮아지면 집 안으로 옮겨 주는 것이 좋습니다.

② 갈라지는 잎

몬스테라의 잎은 햇빛을 많이 받을수록 더 갈라지는 경향이 있습니다. 잎이 조금 더 갈라지길 원한다면 햇빛이 많이 드는 장소로 잠시 옮겨 둡니다.

③ 과습은 항상 조심

습기가 너무 많으면 잎에 물방울이 과도하게 맺히기도 합니다. 이는 '과습' 현상의 초기 증상일 수 있기 때문에, 물주는 주기를 조금 조절하세요.

④ 지주대

덩굴식물인 몬스테라는 주변의 구조물을 타고 올라가려는 습성이 있습니다. 지주대를 세워 줄기를 묶은 후, 뻗어나가는 지저분한 가지를 제거하면 더 예쁘게 자랍니다.

69

파밍순의 관리팁

① 몬스테라의

식물에 적합한 흙과 비료 주기, 또는 꽃을 보는 방법 등 식물별로 특별히 엄선한 파밍순의 관리 TIP도 알아볼 수 있어요.

Part 1

가드닝101

/

식물 생활에 앞서 알면 좋은 것들

| 가드닝101

본격적인 식물 키우기에 앞서, 식물과 주변 환경에 대해 알고 있으면 좋은 정보를 담아 보았습니다. 식물에게는 어느 정도의 빛이 필요할까요? 식물에게 물을 주는 빈도는 어느 정도가 적당할까요? 분갈이는 꼭 가을에만 해야 할까요?
모든 분야에서 기본기가 가장 중요한 것처럼, 식물 키우기에도 꼭 알고 있어야 할 기본 요소들이 있습니다. 그럼 먼저, 여러분이 식물 키우기에 관해 얼마나 알고 있는지 체크해 볼까요?

| 식물 키우기 체크리스트

식물에 관해 얼마나 알고 계신가요?

☐ 키우는 식물의 이름과 원산지를 알고 있다.

☐ 키우는 식물의 월동 온도를 알고 있다.

☐ 키우는 식물이 반려동물 또는 어린아이에게 안전한지 알고 있다.

☐ 식물에게 발생한 해충을 퇴치해 봤거나 퇴치 방법을 알고 있다.

☐ 식물마다 물을 주는 빈도와 양이 다른 것을 이해하고 있다.

☐ 식물의 분갈이를 해본 적이 있다.

식물의 주변 환경에 대해 알고 계신가요?

☐ 내가 키우는 식물에게 필요한 일조량을 알고 있다.

☐ 우리 집에 들어오는 햇빛의 방향, 그리고 일조량을 알고 있다.

☐ 조도의 개념과 측정 방법을 알고 있다.

☐ 물과 햇빛뿐 아니라 통풍 또한 중요한 요소임을 알고 있다.

☐ 식물의 화분으로 배수 구멍이 있는 것을 사용한다.

체크한 항목이 적어도 너무 실망할 필요는 없습니다. 앞으로 파밍순과 함께 기본기를 함께 잘 다진 후, 각각의 식물에 맞는 특성을 함께 공부해봅시다.

• 식물

식물이란 무엇일까요?

그리고 몬스테라(Monstera)와 같은 식물의 이름은 어떻게 붙었을까요?

이름의 유래를 알면 좋은 이유, 그리고 가드너가 알고 있어야 할

식물의 구성 요소와 그 역할에 대해서도 함께 알아봅니다.

식물의 분류법

꽃집이나 식물원에 가 보면, 우리가 모르는 식물들로 항상 가득합니다. 이름도 낯설지요. 적당한 우리말을 찾지 못한 식물들은 가장 대중적인 식물 분류법인 라틴어 학명을 그대로 가져와 국내에서 유통되기도 하고, 각 시장에 특화된 명칭을 사용하는 경우도 많습니다. 우리가 이미 잘 아는 몬스테라를 예로 들어 식물의 라틴어 분류법을 간단히 알아봅시다.

식물의 분류법

- 계 - 식물
- 문 - 속씨식물
- 강 - 외떡잎식물
- 목 - 천남성목
- 과 - 천남성과
- 속 - 몬스테라(Monstera)
- 종 - 델리시오사(Deliciosa)
- 특징 - 알바(alba/albo, 흰색)

위의 분류법은 18세기의 생물학자 칼 린네가 정리한 이래 가장 대중적으로 사용되고 있는 식물 분류법입니다. 시중에 새롭게 소개되는 관엽식물들은 보통 '몬스테라 델리시오사(Monstera Deliciosa)'와 같이 속과 종을 합쳐 부르는 경우가 많습니다. 또한 같은 종의 식물 안에서도 특성에 따라 새로운 품종으로 분류하거나 종류를 붙여 부르기도 합니다.

식물의 속명과 종명은 각자 뜻이 있는데, 몬스테라 델리시오사에서 몬스테라는 '크고 구멍이 나 있는 잎을 가진 형태'를 뜻하고, 델리시오사는 '맛있는 열매'라는 뜻을 가지고 있습니다. 여기에 해당 품종의 특징에 따라 albo(흰색의) 등의 명칭을 덧붙이기도 합니다. 그래서 흰 무늬가 있는 몬스테라는 '몬스테라알보'가 되는 거지요. 단, 특징 명칭은 공식적인 학명이 아닌 경우가 많습니다.

이처럼 분류법에 따른 속명과 종명의 뜻을 알아보면 이 식물의 대략적인 특징과 관리법에 대해서도 알기 쉽습니다. 이 책에 소개할 식물에도 각 식물의 학명을 기록해 놓았는데, 해당 식물에 대해 더 자세히 알아보고 싶다면 그 유래를 확인하면 좋겠지요.

식물의 구성 요소

사람의 몸에 머리, 팔, 다리와 같은 다양한 부위가 있듯이, 식물 또한 각자의 역할을 하는 구성 요소가 있습니다. 이 요소들의 역할에 대해 알아두면 우리 집 식물을 더 잘 관리할 수 있습니다.

© feey

© feey

© Han Chenxu

1 / 줄기

식물을 지탱하는 몸통 역할을 합니다. 대부분 흙 위로 나와 있으며, 식물의 양분이 이동하는 주요 루트입니다.

2 / 잎

식물에게 필요한 에너지를 주로 생성하는 부분입니다. 낮에는 빛을 이용해 에너지를 만들어 내는 광합성 작용을 하고, 밤에는 이산화탄소를 배출하고 산소를 흡수합니다.

3 / 뿌리

식물의 밑 부분에 있는 조직으로, 주로 물과 양분을 흡수하여 줄기와 잎으로 전달하는 중요한 역할을 합니다. 뿌리에 이상이 생길 경우 식물의 수형 또는 색이 변할 수도 있습니다.

4 / 꽃

다양한 색과 모양으로 미적 요소를 담당하기도 하지만, 기본적으로 꽃은 식물의 번식을 담당하는 부분입니다. 보통 식물은 꽃가루의 이동을 통해 번식을 하는데, 바람과 곤충이 꽃가루의 이동을 돕습니다.

5 / 가지와 마디

가지는 식물의 중심 줄기에서 갈라져서 자라는 부분을, 마디는 식물의 줄기 또는 가지에서 잎이 나는 부분을 말합니다.

6 / 씨앗(종자)

씨앗은 식물의 시작이자 끝입니다. 적절한 온도, 빛, 물이 필요하고, 조건을 충족하면 싹을 틔워 성장합니다. 식물이 열매를 맺은 후에는 또다시 새로운 씨앗을 배출하기도 합니다.

흙

흙(상토)은 식물의 뿌리와 맞닿는 곳으로, 성장과 건강에 영향을 크게 주는 요소입니다. '상토'의 사전적 의미는 식물의 생육에 적합한 영양분을 적절히 갖추고 공급해주는 흙을 말합니다. 과거 '원예용 상토'로 통칭되던 것과 달리 요즘의 가드닝 흙 제품들 중에는 코코피트, 피트모스 등 새로운 재료가 첨부되어 배합된 흙들도 많습니다. 뿐만 아니라 하이드로볼, 마사토 등 화분의 배수재나 삽목용으로만 사용되는 제품도 많지요.

대부분의 집안 관엽식물은 일반적인 원예용 상토로도 충분히 관리할 수 있지만, 키우는 환경에 따라 다른 흙 관련 제품을 함께 사용하는 것이 나을 수도 있습니다. 통풍이나 물빠짐이 좋지 않은 환경에서는 상토와 배수재를 7:3 정도의 비율로 섞어서 배수를 수월하게 만들 수 있죠. 식물의 특성에 따라 분갈이 때마다 다른 상토를 활용하여 배수력을 잘 체크해가며 최상의 흙을 계속해서 찾아보세요.

흙의 종류

1 / 부엽토

나뭇잎이나 작은 가지들이 미생물에 의해 분해되어 생긴 흙입니다. '부식토'라고도 하며 보수력(수분을 보관하는 능력)이 뛰어납니다. 원예에서 많이 사용하는 흙입니다.

2 / 배양토

꽃이나 나무 등 원예식물 재배에 적합하며, 피트모스, 코코피트, 펄라이트 등의 소재를 비율에 맞게 섞어 가공한 흙입니다. 제품에 따라 '원예용 상토'라고도 합니다.

3 / 마사토

화강암이 풍화되어 생겨난 흙으로, 작은 자갈에 가깝습니다. 굵기에 따라 구분되며, 원하는 배수 능력에 따라 마사토의 굵기를 선택하여 사용합니다. 굵기는 가장 얇은 것부터 세립-소립-중립-대립 순으로 표시하는데, 정확한 굵기 단위는 제조사마다 다를 수 있습니다. 주로 분갈이 때 흙과 섞어 배수력을 높이거나 꾸밈돌로 사용합니다.

4 / 펄라이트

진주암, 흑요석 등에 열을 가해 인위적으로 팽창시켜 만든 돌로, 무게가 가볍고 배수력과 통기력이 좋습니다. 주로 상토와 배양토와 섞어 배수성을 높이는 데 사용합니다.

5 / 난석(휴가토)

화산석의 한 종류로, 주로 난을 심을 때 사용합니다. 돌에 미세한 공기 구멍이 많아 가벼우면서도 배수성과 통기성이 우수해 화분 아래의 배수층으로 적합합니다. 난석 중에서도 일본 특정 지역의 화산재 토양을 채취해 만든 흙이 국내에서도 널리 사용됩니다.

6 / 바크

나무껍질을 높은 온도로 쪄서 만든 부산물입니다. 무게가 무척 가벼우며 배수성, 통기성, 보수성이 좋습니다. 관리에 신경 쓰지 않으면 쉽게 썩는 단점도 있습니다.

7 / 화산석

화산 활동으로 생성된 현무암입니다. 구멍이 많아 매우 가볍고 배수성과 통기성이 좋습니다. 모양도 예뻐 조경, 인테리어, 꾸밈돌 등으로 폭넓게 활용할 수 있습니다.

8 / 하이드로볼

황토를 구워 인공적으로 만든 돌입니다. 가볍고 배수력과 통기성이 모두 좋습니다. 흙 위에 까는 꾸밈돌뿐 아니라 화분 밑바닥의 배수층으로도 많이 활용합니다.

9 / 질석(버미큘라이트)

광물의 한 종류로, 원예용으로 사용하는 질석은 가열하여 팽창 처리 시킨 제품이 대부분입니다. 수분을 유지하는 능력이 뛰어나고 삽목(식물의 가지, 줄기, 잎을 자르거나 꺾어 흙 속에 꽂아 뿌리 내리게 하는 일)을 할 때 뿌리 내림에 좋습니다.

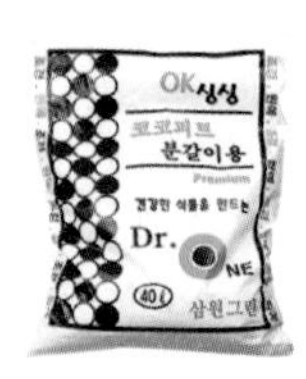

10 / 코코피트

코코넛 껍질에서 섬유질을 제거한 코코넛 더스트 부위를 분쇄 및 가공하여 만든 유기물질입니다. 식물의 뿌리 성장에 도움이 되고 토양 미생물 환경을 개선하는 효과가 있습니다.

11 / 피트모스

수생 식물이나 습지 식물의 잔재가 연못 등에 퇴적되어 나온 흑갈색의 흙입니다. 보수력과 보온성, 통기성 등이 좋아 원예용, 농업용, 축산용 등의 재료로 다양하게 쓰입니다.

12 / 수태

물에 불려 사용하는 이끼로, 자연 그대로의 물이끼를 건조시켜 만들어냅니다. 물을 흡수하는 능력과 통기성이 매우 좋습니다. 주로 난을 심거나 삽목 용도로 사용합니다.

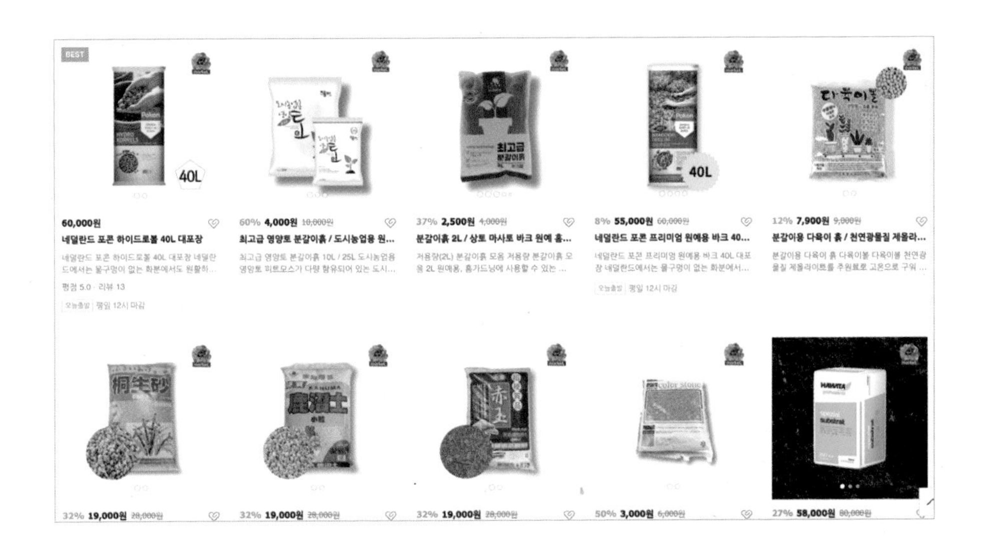

파밍순 마켓(smartstore.naver.com/farmingsoonmarket/)에서 식물 키우기에 사용하는 다양한 흙을 구경할 수 있습니다.

물주기

실내에서 식물을 키울 때 가장 쉬울 것 같으면서도 어려운 것이 물주기입니다.
사람마다 식사의 양이 다르듯, 식물들에게 필요한 물의 양도 모두 다릅니다.
그렇기 때문에 '일주일 간격으로 물을 주세요', '3일에 한 번씩 주세요' 등의
무조건적인 가이드는 모든 식물에게 적합한 가이드가 아닙니다.

© Hitomi Bremmer

물을 주어야 하는 시기

대부분의 식물에게 적용되는 물주기 간격의 답은 '흙이 마른 정도를 확인한 후에 물을 주는 것'입니다. 흙이 충분히 마르지 않고 아직 젖어 있는 상태에서 다시 물을 주게 되면 흙 속의 뿌리가 호흡을 하지 못하고 과습 피해를 받을 수 있기 때문입니다. 흙이 말랐는지 확인하는 방법에는 여러 가지가 있습니다.

첫 번째, 흙을 손으로 직접 만져 보았을 때 흙의 색이 연한 갈색을 띠고 손에 묻어나지 않는다면 마른 것입니다. 반대로 흙의 색이 짙은 갈색이고 흙이 손에 묻는다면 아직 완전히 마르지 않은 것이지요. 또, 손가락이나 나무젓가락 등을 2~3㎝ 깊이로 찔러서 확인할 수도 있습니다. 흙이 길게 묻어 나온다면 물이 아직 충분한 것이라고 볼 수 있습니다.

두 번째, 화분에 물을 듬뿍 준 후에 화분을 들어 무게감을 익혀 두면 좋습니다. 그리고 시일이 지난 후 화분을 들었을 때 무게감을 비교해서 물마름 정도를 알 수 있습니다. 물을 듬뿍 주었을 때와 비교해서 많이 가볍다면 물을 줄 시기가 된 것이라고 볼 수 있습니다.

세 번째, 시중에 판매하고 있는 토양 수분 측정계를 사용하는 것입니다. 기기가 정확하다면 가장 좋은 방법일 수 있습니다.

이외에도 식물의 잎이 아래로 처지거나, 다육식물의 잎이 쪼글쪼글해지거나 과하게 말랑한 느낌이 들 때 등 여러 가지 방법으로 화분의 물마름 정도를 확인할 수 있습니다.

가장 기본적인 물주기 방법

1 / 한 번 줄 때 흠뻑

물은 한 번 줄 때 흠뻑 주는 것이 좋습니다. 화분의 크기, 식물의 크기에 따라 다르지만, 보통은 배수구멍으로 물이 어느 정도 흘러 나올 만큼 주면 적당합니다. 물이 콸콸 흘러나오는 정도가 아니라 배수구멍으로 쪼르르 나올 정도로 말이지요! 또한, 물을 주고 나서 물받침에 고인 물은 꼭 제거합니다. 물이 고여 있다면 화분의 통기에 방해가 될 수 있기 때문입니다.

2 / 2~3번으로 나누어서 주세요

물을 한 번에 듬뿍 준다고 해서 한꺼번에 콸콸 붓는 것이 아니라, 2~3번에 나누어 골고루 물을 줍니다. 같은 양을 주더라도 물살을 약하게, 화분 전체에 주어야 흙에 고루 흡수될 수 있습니다. 한번에 너무 많은 양을 주면 화분 속 흙에서 물길이 생겨서 흙에 흡수되기 전에 물이 빠져 나가거든요.

3 / 물은 이른 아침에

물은 되도록 이른 아침에 주는 것이 좋습니다. 햇볕이 강한 오후에 물을 주게 되면 식물의 잎에 맺힌 물방울이 햇볕에 뜨거워져 식물이 화상을 입을 수 있어요. 또한 화분 자체의 온도가 높아져 뿌리가 상하기도 합니다. 만일 아침에 물을 주지 못했다면 해가 진 오후나 저녁 나절이 좋습니다. 겨울철에는 어느 정도 기온이 올라간 후에 물을 주어야 냉해를 피할 수 있습니다. 밤에는 식물들도 휴식을 취해야 하므로 되도록이면 물을 주지 않습니다.

4 / 물의 종류

화분에 주는 물은 크게 고민할 필요가 없습니다. 수돗물로 충분합니다. 수돗물에는 염소, 칼슘, 마그네슘 등의 영양분이 들어 있어 식물의 생육에 도움이 됩니다. 정수기의 물은 미네랄이나 미량원소들이 걸러지기 마련이라, 식물이 자라는 데 오히려 도움이 되지 않습니다. 그리고 수돗물을 바로 주기보다는 미리 받아놓아 실온과 비슷한 온도로 맞춘 후 주면 더 좋습니다.

5 / 물을 준 후에는 환기를 꼭

식물이 성장하는 데 물과 햇빛만큼 필요한 것이 충분한 환기입니다. 환기를 통해 식물에게 필요한 이산화탄소를 공급할 수 있으며, 화분의 습기도 제거할 수 있습니다. 과습 피해는 물을 많이, 그리고 자주 주어서이기도 하지만, 통기가 되지 않아 계속 화분에 남아 있는 수분에 흙이 마르지 않아서이기도 합니다. 자주 환기할 수 없다면 선풍기나 서큘레이터 등을 이용해서 공기를 순환시키는 방법도 있습니다.

식물에 물을 주는 다양한 방법

1 / 위에서 물주기

노즐이 긴 물뿌리개를 이용해서 화분 위쪽에서 흙에 물을 주는 방법입니다. 주의해야 할 점은 물이 식물의 잎에 직접 닿지 않아야 한다는 것입니다. 만일 식물의 잎이 지저분하여 닦고 싶다거나, 습도를 유지해 주고 싶다면 비교적 얇게 물이 퍼지는 분무기를 이용합니다.

2 / 아래에서 물주기(저면관수)

받침대 등에 물을 담아 그 위에 화분을 두고 화분의 밑에서 물을 흡수하게 하는 방법입니다. 물을 과하게 주지 않고 식물이 필요한 만큼 물을 흡수할 수 있는 장점이 있습니다. 저면관수를 할 때의 주의점은 오랜 시간 물에 담가 놓는 것이 아니라 어느 정도 물이 흡수(화분의 1/3 지점)되었다면 꼭 화분을 원래대로 위치시켜야 한다는 것입니다. 또한 너무 작고 얕은 화분일 경우, 흙의 유기질 양분이 물에 희석되어 빠져나갈 수 있습니다.

3 / 점적관수

하우스 등의 시설 재배에서 많이 쓰는 방법의 하나인 점적관수는 땅에 가는 구멍이 뚫린 관을 약간 묻어 소량의 물을 지속적으로 주는 방법입니다. 화분에도 이와 비슷한 원리로 물을 흡수할 수 있는 노끈 등을 흙 안쪽으로 2㎝가량 묻고, 반대쪽 끈을 물을 채운 병이나 그릇에 담가 두면 됩니다.

* * *

물은 식물에게 꼭 필요하지만, 또 넘칠 경우 과습이 발생할 수 있습니다. 식물은 물이 부족해서보다는 물이 너무 많아 과습 피해로 인해 초록별로 가는 경우가 훨씬 많다고 합니다. 무엇보다 가장 중요한 것은 항상 애정을 가지고 관찰하는 습관을 갖는 것입니다. 식물의 물주기는 딱히 정해진 방법이 없기 때문입니다. 식물의 흙마름 정도를 자주 확인하고, 자라는 환경에 따라 맞춰 물을 주는 것이 가장 좋은 방법입니다.

빛과 식물등

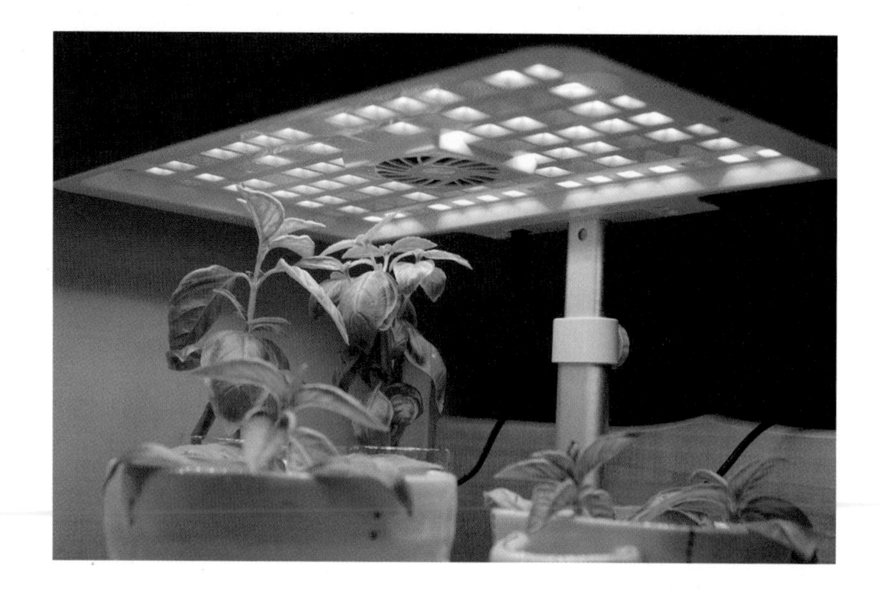

우리가 음식으로 영양분을 흡수하듯이, 식물들은 뿌리로 영양분을 흡수한 후 광합성을 통해 생존에 필요한 에너지를 생성해 냅니다. 식물 생존에 필수적인 이 광합성 작용에는 적절한 양의 빛이 꼭 필요합니다.

물과 같이 각각의 식물에게 필요한 빛의 양도 모두 다른데, 광합성을 시작하는 최소한의 빛의 세기는 '광보상점', 광합성 속도가 더 이상 증가하지 않는 시점의 빛 세기는 '광포화점'이라고 합니다. 우리는 식물에게 필요한 최소한의 빛의 양을 확보해 주어야 합니다.

햇빛의 양에 따른 장소 구분

장소의 기준을 잘 알아본 후 내가 키울 식물은 어디에 적합한지 살펴보세요. 양지라면 다육식물처럼 햇빛이 많이 필요한 식물이 어울리는 반면, 음지에서는 산세베리아, 행운목, 금전수 등 몇몇 종류만 기를 수 있습니다.

	기준	적합한 식물
양지	온종일, 또는 6시간 이상 실외의 직사광선을 받는 장소. 야외, 옥상, 창 바깥쪽 테라스 등	다육식물, 허브류, 선인장, 유칼립투스, 올리브나무 등
반양지	3~4시간 동안 한 번 차광된 빛이 들어오는 곳. 테라스와 베란다의 안쪽 등	율마, 벤자민, 뱅갈 고무나무 등
반음지	3~4시간 동안 한 번 차광된 빛이 먼 쪽에서 약하게 들어오는 곳. 햇빛이 드는 실내 공간 등	대부분의 관엽식물, 야자나무류, 스타티필름, 페페, 고사리류 등
음지	하루에 2시간 이하로 빛이 들어오는 곳	드라세나 콤팩타, 산세베리아, 행운목, 금전수, 스킨답서스 등

내 공간의 빛의 양 확인하기

위의 기준으로 가늠하는 방법 외에 좀더 구체적인 수치로 식물을 키울 실내 공간의 일조량을 가늠하고 싶다면 조도계나 스마트폰 앱을 사용해 보세요. 내가 있는 곳의 럭스(Lux, 빛의 강도를 나타내며 1럭스는 표준 크기의 촛불 1개가 내는 밝기)를 측정합니다.

양지는 약 1~3만 럭스, 반양지는 약 5천~1만 럭스, 반음지는 약 2~5천 럭스, 음지는 약 3백~2천 럭스로 봅니다. 아주 정확하지는 않지만, 식물의 공간을 파악하기에는 충분합니다.

다양한 빛 관리 방법

우리가 기르는 식물들은 제각각 다른 삶을 살아왔습니다. 처음 싹이 났을 때부터 풍부한 빛을 받고 자란 식물도 있으며, 그렇지 않은 식물도 있죠. 새로 들여온 식물의 원래 자생지만을 생각하고 그와 유사한 환경을 바로 조성하기보다는, 식물의 상태를 잘 살펴서 점진적으로 새로운 환경에 적응시키는 과정이 필요합니다.

1 / 순화하기

빛이 적은 환경에서 자라던 식물을 갑자기 빛이 강한 곳으로 옮기면 강한 빛에 의해 피해를 입게 됩니다. 빛이 충분한 곳에서 빛이 적은 곳으로 옮길 때도 마찬가지입니다. 이를 방지하기 위해 빛에 적응시키는 것을 순화라고 합니다. 순화를 시키는 방법은 원래 있던 곳과 옮길 곳의 광도를 측정한 후, 중간 정도의 광도에서 변화하는 빛에 순차적으로 적응시키는 것입니다. 간단히 예를 들면 그늘진 곳에서 밝게 해가 드는 곳으로 옮기고 싶다면 처음 장소에서 조금 더 밝은 곳으로 며칠에 걸쳐, 천천히 옮기는 거지요.

2 / 자연광을 효율적으로 이용하는 방법

검은색은 빛을 흡수하고 흰색은 빛을 반사하지요. 집안의 벽과 천장을 흰색이나 크림색 등으로 밝게 해서 빛의 반사를 이용하면 식물의 생육에 도움이 됩니다. 또한 실내에서 자라는 식물의 줄기가 햇빛을 좇아 창문 쪽으로 구부러지지 않도록 하는 효과도 있습니다.

3 / 화분 돌리기

식물은 골고루 햇빛을 받는 것이 좋지만 집 등의 실내에서는 힘들 수 있습니다. 식물이 햇빛을 좇아 한쪽 방향으로만 크지 않도록 주기적으로 화분을 돌려서 식물이 골고루 햇빛을 받을 수 있도록 하면 식물의 생장과 균형 있는 수형을 만드는 데 도움이 됩니다. 몇 시간 간격으로 화분을 돌려주면 가장 좋겠지만, 이를 실천하기는 매우 어려우므로 적어도 한 달에 하루를 빛을 받는 방향을 바꾸는 날로 정해보세요.

4 / 겨울철의 빛

겨울에는 다른 계절보다 햇빛이 들어오는 시간이 적습니다. 따라서 가능한 식물을 빛이 잘 들어오는 창가 가까이로 옮겨 일조 시간을 늘려주는 것이 좋습니다. 그리고 창문의 먼지를 제거하면 빛의 세기가 최대 10%까지 증가한다고 하니, 창문을 깨끗이 관리하세요.

5 / 식물등

식물등은 자외선, 적외선과 녹색 파장대를 제외하고 식물 생장에 필요한 파장만을 효과적으로 구현하여 시설이나 실내에서 식물을 키울 때 자연광(햇빛)을 보충하는 용도로 사용하는 조명입니다.

실내에서는 적절한 일조량을 맞추기 어려운 편이라 많은 식물집사들이 식물등을 사용하지요. 요즘에는 다양한 기능의 예쁜 식물등이 많이 출시되었고, 일부 가드너는 식물등으로 채운 식물방을 만들어 인공적인 빛만으로 식물을 키울 정도입니다.

빛의 타입	세부 스펙트럼	파장(nm)	식물에게 영향	용도
자외선	UV-C	100	엽록소 파괴	
	UV-B	280	면역체 형성 가능성	
	UV-A	315~400	식물의 잎을 두껍게 함	
	청색 파장	430~440	광합성 효과가 제일 좋음 잎이 넓고 커짐	새싹/발아
	녹황색 파장	510	노란색에 의해 빛 일부 흡수	엽록소 작용 곰팡이 억제
	적황색 파장	610	광합성에 유익하지 않음	
	적색	660	엽록소 작용 최대 한계	식물 생장 꽃 개화 열매 맺힘
		700	광합성 작용 최대 한계	

적외선	IR-A	780	식물의 키 성장 일부 촉진	
		1000~1400	광합성에 별다른 효과 없음	

위 표에서 알 수 있듯, 빛은 여러 가지 파장으로 구분할 수 있습니다. 여러 가지 파장 중에서 식물이 광합성에 이용하는 파장은 대체로 적색과 청색이라고 생각하면 됩니다. 식물은 400~500nm(청색 파장, 광합성 작용)과 640~700nm(적색 파장, 엽록소 작용)을 주로 흡수하여 성장합니다. 즉, 식물은 청색 계열과 적색 계열 빛을 흡수하고 녹색 계열은 반사하는데, 식물의 잎이 녹색을 띄는 이유이기도 합니다.

식물등 선택 시 알아두면 좋은 용어

1 / 광합성 광량자속밀도(PPFD, μmol/㎡s)

1평방미터당 1초 동안 내리쬐는 빛의 양을 나타냅니다. 50μmol/㎡s라고 한다면 1㎡의 공간에 1초 동안 빛 입자가 50개가 들어온다는 뜻이며, 이 수치가 높을수록 광합성에 필요한 빛 입자가 많이 나온다는 의미가 됩니다. 또한 빛의 세기는 거리가 멀수록 확산되고 흐려집니다. 즉, 광원(식물등)에서 멀어질수록 빛의 양이 작아지고, 가까울수록 빛의 양이 많아진다는 점도 고려해야 합니다.

2 / 광보상점과 광포화점

앞에서 살펴봤듯이, 식물의 잎에 빛을 쪼이면 빛의 세기에 비례하여 광합성 속도가 증가하게 됩니다. 식물이 광합성을 시작하는 최소한의 빛의 세기를 광보상점이라고 하고, 식물의 광합성 속도가 더 이상 증가하지 않을 때의 빛의 세기를 광포화점이라고 합니다. 식물에 따라 그 수치가 다르므로 키우고자 하는 식물의 광보상점과 광포화점을 알아두면 식물등을 더 적절하게 쓸 수 있겠지요.

3 / 조사각

햇빛이나 광선, 방사선 따위를 쪼이는 각도를 말하며, 제품에 따라 조사각이 모두 다릅니다. 조사각이 넓다면 넓은 범위에 빛을 비출 수 있고, 조사각이 좁다면 빛을 좁은 범위에 집중적으로 비출 수 있습니다. 다만, 광입자수는 한정되어 있으므로 이를 참고해서 조사각에 따른 설치방법이나 설치 위치를 정해야 합니다.

식물등 선택 시 고려할 점

식물등 판매 페이지를 보면 거의 대부분 가장 잘 보이는 곳에 식물등의 빛 파장에 대해 설명하고 있습니다. 즉, 식물등을 선택할 때는 식물의 성장에 가장 영향을 많이 주는 빛의 파장을 제대로 구현해 내는 제품인지의 여부가 가장 중요한 요소라고 할 수 있습니다.

1 / 제품의 광량자속밀도(PPFD, μmol/㎡s)를 확인하세요

PPFD는 단위면적당 나오는 빛의 입자량이므로, 식물등을 선택할 때 PPFD의 수치를 꼭 확인해야 합니다. 같은 조건이라면 이 수치가 높을수록 좋겠지요. 하지만 설치하는 높이나 각도 등의 설치 조건에 따라 달라지고, 소비전력과 가격 등을 고려해야 하므로 무조건 PPFD의 수치가 높은 것을 고르기보다는 여러분이 식물등을 설치할 조건과 환경을 고려해서 선택하세요. 이때 식물의 광보상점과 광포화점, 식물등과 식물의 거리 등을 참고합니다. 보통 제조사들은 PPFD수치를 측정할 때 30㎝ 정도의 높이에서 측정합니다.

2 / 조사각과 색 온도를 확인하세요

식물등을 설치할 때, 전구의 빛이나 퍼져나가는 각도인 조사각을 알아두면 좋습니다. 조사각의 넓이에 따라서 빛이 닿는 범위가 달라지므로 PPFD와 함께 고려하여 식물등의 위치와 설치할 식물등의 개수 등을 미리 조정하는 것이 좋습니다.

전구의 색 온도도 확인해야 합니다. 보통 4,000~5,000K 사이가 주광색(백색)이며 이보다 낮으면 붉은색, 이보다 높으면 푸른색을 띠게 됩니다. 따라서 색 온도를 고려하여 자신의 취향에 맞는 전구를 고릅니다.

3 / 소비전력을 확인하세요

식물등도 전기를 사용하는 제품인 만큼 소비전력을 확인해야겠지요. 와트는 1초 동안에 소비하는 전력 에너지를 표시하는 단위입니다. 식물등은 대부분 소비 전력이 낮지만 식물등을 많이 사용하면 당연히 납부해야 하는 전기세가 많아지기 마련이므로 미리 확인해 보세요. 또한 소비 전력이 높을수록 발열이 심하고, 발열은 전구의 수명에 영향을 미치므로 같은 조건이라면 소비 전력이 낮은 식물등을 고릅니다.

이외에도 식물등의 소켓이 우리집에 맞는 것인지(대부분 식물등의 소켓은 가정에서 많이 사용하는 E26 소켓을 사용합니다), 안전 인증을 받은 제품인지, 바/전구형 등 우리 집에 어울리는 형태인지, 식물등의 크기와 무게 등을 두루 고려해서 자신의 집에 알맞은 식물등을 선택해 보세요.

• 화분

약 10여 년 전까지 화분의 디자인은 천편일률적이었지만, 이제는 다양한 브랜드에서 다양한 디자인의 화분을 출시합니다. 몇몇 인기 있는 디자인은 구하기도 어려울 정도이지요. 그럼 '식물의 집'인 화분의 종류에는 무엇이 있을까요? 또 식물들에게 좋은 화분은 무엇일까요?

화분의 종류

화분을 분류하는 가장 대표적인 방법은 화분의 소재에 따라 분류하는 것입니다. 도자기 화분(세라믹), 점토로 만든 테라코타 토분, 플분(플라스틱 화분), 강화 플라스틱(FRP) 화분, 돌 또는 나무로 만든 화분 등이 있습니다.

또 테라코타 화분은 화도(화분이 구워지는 온도), 도자기 화분은 유약을 바른 정도 등에 의해 더욱 세세하게 나뉘기도 합니다. 그만큼 식물을 키우는 사람들에게는 선택지가 넓어졌지요. 어떤 화분이 가장 식물을 키우기에 좋을까요?

1 / 토분

흙을 구워서 만든 후 유약 처리를 하지 않은 화분으로, 요즘은 다양한 브랜드에서 디자인 토분을 많이 출시하고 있습니다. 토분은 유약 처리를 하지 않은 특성 때문에 물의 증발 속도가 빠른 편이므로 과습에 취약한 식물을 키우기에 좋습니다. 단, 똑같이 물 증발이 빠른 상토와 함께 사용할 경우, 속도가 너무 빨라져 흡수력이 떨어질 수 있습니다.

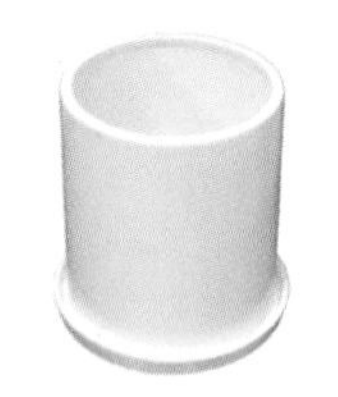

2 / 도자기(세라믹) 화분

토분에 추가로 색과 모양처리를 하고 유약을 바른 후 다시 구워낸 화분입니다. 유약 때문에 광이 나고, 일반 토분보다 통풍이 떨어집니다. 하지만 디자인이 예뻐 선호하는 분들도 많습니다.

3 / 플라스틱 화분(플분)

흔히 '플분'으로 줄여서 말하는, 플라스틱 소재로 만든 화분입니다. 가격이 비교적 저렴하고 잘 깨지지 않아 널리 사용되는 화분입니다. 무게도 가벼워서 무거운 식물들을 키우기에 가장 좋습니다.

4 / 강화 플라스틱(FRP) 화분

강화 플라스틱으로 만든 화분으로, 겉면 마감 처리 때문에 언뜻 도자기 화분처럼 보이기도 합니다. 강도가 높아 잘 깨지지 않고, 가벼우며 저렴한 편입니다.

5 / 천연석/인조석(테라조)/시멘트 화분

각각의 재질로 만들어낸 화분입니다. 고급스러운 분위기를 연출할 수 있다는 장점이 있지만, 크고 무거워서 깨질 위험이 큽니다. 또 재질의 특성상 통풍이 어렵기 때문에 물의 흡수와 빠짐이 느린 편입니다.

6 / 그로우백

비닐 또는 부직포로 만든 화분으로, 무게가 가벼워 이동이 쉽습니다. 하지만 물의 양을 가늠하기가 어려운 단점이 있습니다.

7 / 그 밖의 화분

이외에도 금속재료로 만든 철제 화분, 열대식물에 많이 활용하는 라탄 화분, 또는 스티로폼 박스나 달걀판도 화분으로 활용할 수 있습니다.

식물이 좋아하는 화분의 특징

식물은 화분 그 자체보다는 흙과 비료의 조합, 식물에 적합한 빛과 물주기 등 외부 환경에 더욱 많은 영향을 받습니다. 그렇기 때문에 '낮은 온도에서 구운 토분은 물 증발이 빨라서 좋다'는 말은, 사실 맞기도, 틀리기도 한 말입니다. 과습에 취약한 식물의 경우에는 물 증발이 빠른 토분이 좋고, 열대 지방에서 온 식물들은 물을 머금고 있는 시간이 긴(증발이 느린) 도자기 화분이 더 적합하겠지요. 하지만 어떤 식물에 어떤 화분을 쓰더라도 물 관리에 꾸준히 신경 써야 하는 것은 달라지지 않습니다.

그래도 초보 식물 집사들은 어떤 화분이 좋은지 알고 싶은 것이 당연하지요. 많은 식물에 통용되는 특징은 다음과 같습니다.

1 / 아래가 좁아지는 화분

항아리 모양, 사각 모양, 사다리꼴 모양 등 다양한 디자인의 화분이 있지만, 화분의 아랫부분이 위보다 넓으면 물빠짐이 더뎌서 식물의 과습으로 이어지기 쉽습니다. 또한 식물의 뿌리가 화분에 넓게 퍼져서 자랄 경우, 시간이 지나 분갈이를 할 때 옮기기 어려워지거나 뿌리가 손상될 수도 있습니다. 그렇기 때문에 초보 가드너들은 아래가 좁아지는 화분을 사용해 물이 화분 내에 머무르는 공간을 줄여야 합니다.

2 / 배수구가 큰 화분

유럽의 가드너들은 배수구가 없거나 작은 화분에 적응하기 위해 하이드로볼 등의 바닥 마감재를 적극적으로 사용한다고 합니다. 하지만 초보 가드너라면 물의 흡수와 빠짐을 원활히 하기 위해 화분 바닥에 배수구가 있는 것, 그리고 가능하면 배수구의 크기가 큰 화분을 사용하는 것이 좋습니다. 빠져 나오는 물이 신경 쓰일 경우 화분 받침대를 추가로 받쳐주세요. 초보 가드너들은 배수구가 없는 화분을 보고 당황할 수도 있는데, 디자인 등의 이유로 배수구가 막혀 있는 경우랍니다. 다만 이렇게 배수구가 막혀 있는 화분은 다음 세 가지를 주의합니다.

□ 물빠짐이 느리기 때문에 뿌리가 발달한 채소 등은 피합니다. 선인장, 다육식물을 추천합니다.

□ 통기가 잘되는 테라코타, 세라믹 화분이 좋습니다.

□ 화분 바닥에 배수재(하이드로볼, 숯 등)를 꼭 깔아서 물이 너무 고이지 않도록 합니다.

결국은 키우는 사람의 몫

이처럼 화분의 재질에 따른 특징이 있지만, 식물을 키우는 데 가장 중요한 것은 결국 흙과의 조화, 그리고 식물에 맞는 빛, 물주기, 통풍입니다. 가드닝101의 내용을 따로따로 보기보다는, 모든 지식을 다 함께 적용한다고 생각해주세요.

분갈이

식물을 통째로 옮겨 심는 분갈이는 긴장되는 작업입니다. 분갈이를 해야 할 시기를 파악하는 방법과, 올바른 분갈이 순서에 대해 함께 알아볼까요?

분갈이는 봄과 가을에만 해야 할까?

보통 매우 덥거나 춥지 않은 선선한 봄/가을에 분갈이를 해야 한다는 의견이 일반적입니다. 여름에는 분갈이 후 수분 증발이 빠르게 일어나기 때문이고, 또 겨울에는 식물이 냉해를 입을 수도 있기 때문이지요.

하지만 사실 분갈이를 꼭 특정 계절에 해야 하는 것은 아닙니다. 보통 실내 온도를 15~20℃ 이상으로 유지할 수 있다면 언제 분갈이를 하더라도 문제 없습니다.

분갈이가 필요한 시기

아래와 같은 사항들을 확인해서 분갈이가 필요한 시기인지 확인해보세요.

- ☐ 식물의 뿌리가 화분 밑의 배수구로 빠져 나온 것이 보일 때
- ☐ 물이 화분에 머무르지 않고 빨리 빠져나올 때
- ☐ 식물의 잎이 전체적으로 노랗게 변했을 때
- ☐ 마지막 분갈이로부터 1년 이상 지났을 때
- ☐ 식물의 잎, 줄기, 뿌리가 화분 크기에 비해 과하게 커졌을 때

분갈이 재료 준비하기

1 / 조금 더 큰 화분

일반적으로 이전의 화분보다 조금 큰 화분을 준비합니다. 하지만 기존의 화분보다 너무 커지면 식물의 잎 또는 뿌리가 과습 또는 통풍 문제를 일으킬 수 있으므로, 약 1.2~1.3배 큰 크기의 화분을 선택하세요.

2 / 상토

일반적인 원예용 상토를 사용해도 좋고, 펄라이트, 난석, 마사토 등의 다른 재료를 상토와 1:1 비율로 맞춰서 사용해도 괜찮습니다.

분갈이 순서

1 / 바닥에 거름망, 배수깔망 깔기

화분 바닥의 물구멍의 크기에 맞춰 거름망/깔망을 놓습니다. 이 망은 물을 주거나 화분을 다른 곳으로 옮길 때 흙이 바깥으로 빠져나가지 않게 도와줍니다.

2 / 배수층 만들기

화분의 가장 아랫부분에 1/5 정도의 높이로 입자가 굵은 돌(난석/마사토/하이드로볼 등)을 깝니다. 화분 아래 물이 고여 있으면 뿌리가 썩기 때문에, 굵기가 있는 배수층으로 물 배출이 잘 되게 만들기 위함입니다. 습기를 싫어하는 식물일수록 배수층을 두껍게 하고, 화분이 클수록 더 굵은 돌을 고릅니다.

3 / 흙 쌓기

식물의 뿌리가 놓일 부분(화분의 약 2/5 높이)에 흙을 쌓아주세요. 흙은 작물별 전용 상토 및 배양토를 사용하고, 일반 원예용 상토도 괜찮습니다. 다육식물이나 선인장이라면 소립마사토를 흙과 섞어서 사용해도 좋아요.

4 / 식물 빼내기

기존의 화분에서 식물을 빼낼 때는 식물이 받을 충격을 최소화해야 합니다. 플라스틱 화분이라면 아래쪽을 눌러 빼고, 토분이나 세라믹 화분에 심긴 식물은 화분과 흙이 맞닿아 있는 부분을 모종삽 등을 이용해 조심스럽게 분리합니다.

5 / 분리한 식물 흙 털기

뭉쳐 있는 흙과 함께 식물을 꺼냈다면, 아래쪽의 흙을 조심스럽게 털고 엉킨 뿌리를 풀어냅니다. 뿌리가 예민한 식물은 흙을 털지 말고 함께 옮기세요.

6 / 새 흙 채우기

식물을 옮긴 새 화분에 새로운 흙을 채울 순서입니다. 화분을 톡톡 치면서 흙이 화분 전체에 고루 스며들도록 합니다. 중간중간 흙을 채워 넣으면서 물을 주어도 좋습니다. 물을 줄 때 내려가는 흙이 뿌리 사이의 빈 공간에 채워지기 때문입니다.

7 / 물 주기

새 화분의 위쪽 약 20% 정도는 비워두세요. 분갈이 후 물을 줄 때 물이 고이기 위한 공간을 확보하기 위함입니다. 옮긴 화분에 물을 흠뻑 주고, 적응을 위해서 약 일주일 정도는 반음지에 두면 좋습니다.

분갈이 방법을 영상으로도 만나보세요!

벌레

집 안에서 식물을 키우게 된다면, 다양한 병충해를 맞닥뜨릴 수밖에 없습니다.

가드너와 식물집사들이 가장 많이 만나게 되는 벌레의 종류를 정리했습니다.

식물의 즙을 노리는 해충

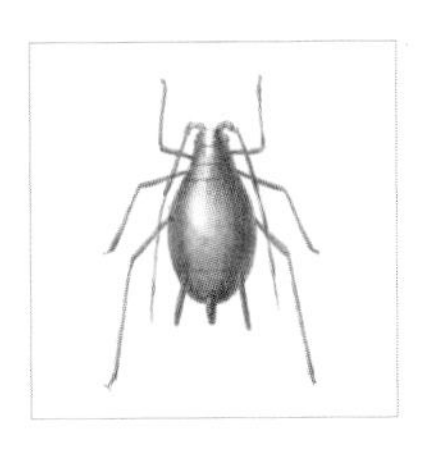

1 / 진딧물

식물의 새순이나 꽃에 붙어 즙을 빨아먹는 해충입니다. 4~5월에 가장 많이 발견할 수 있습니다. 알이 성충으로 자라나는 속도가 굉장히 빨라 초반에 잡지 못하면 엄청나게 빠르게 불어납니다. 특히 진딧물이 즙을 먹고 지나간 식물의 새순은 모양이 변할 수도 있고, 진딧물의 배설물을 섭취하러 온 다른 벌레들이 식물에 다른 병을 불러올 수 있습니다.

해결책 봄이 되면 식물의 새순과 어린 잎, 꽃봉오리 등을 계속해서 관찰해야 합니다. 진딧물을 발견하면 즉시 제거하세요. 시중의 끈끈이트랩 제품에 은행잎 추출물이나 고삼 등을 묻혀 꽂아두어도 좋습니다.

2 / 깍지벌레

진딧물보다 훨씬 큰 크기의 깍지벌레는 식물의 새순부터 잎, 줄기와 뿌리의 즙까지 모두 노리는 벌레입니다. 솜깍지벌레, 가루깍지벌레, 갈색깍지벌레 등의 다양한 종류가 있으며, 배설물로 인해 식물의 잎과 줄기가 검게 변하기도 합니다.

해결책 깍지벌레를 한번에 완전히 없애기는 쉽지 않습니다. 성충은 직접 제거하고, 전용 약제를 2~3회에 걸쳐 뿌려 두면 좋습니다. 약을 뿌린 후에는 2~3개월간은 식물을 자세히 관찰하며 제거하세요.

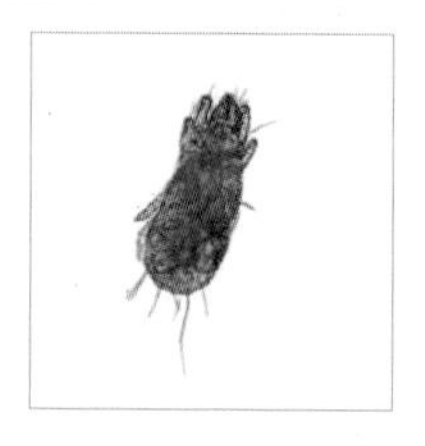

3 / 응애

식물의 상태가 심각해지기 전까지 발견하기가 매우 어려운 작은 크기의 벌레입니다. 거미와 먼 친척 관계에 있는 벌레로 이파리 속의 세포를 빨아먹고 흰 점막 세포벽만 남겨 놓습니다. 잎과 줄기 쪽에 조그마한 거미줄 같은 형체가 있다면 의심해 봐야 합니다. 알로카시아, 콜로카시아, 칼라디움 등에 많이 생깁니다.

해결책 응애를 없애기 위해서는 응애 전용 약제를 사용합니다. 하지만 계속 뿌리면 내성이 생기기 때문에, 시중의 다양한 친환경 살충제 제품을 번갈아 가며 사용하는 것이 좋습니다.

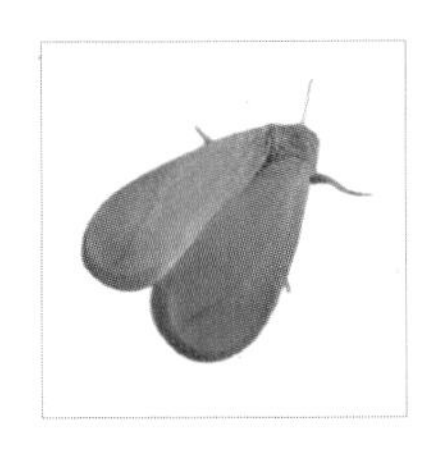

4 / 온실가루이

흰색의 작은 나방 형태를 하고 있는 온실가루이는 민트나 세이지 등의 허브류 또는 즙이 많은 식물에 많이 생깁니다. 초기에 방제하지 못하면 완전히 없애기가 굉장히 어렵습니다. 잎 뒷면에 알을 낳아 번식하고, 배설물이 2차 바이러스를 불러올 수도 있습니다.

해결책 집 식물에 온실가루이가 발생했다면 알이 붙어 있는 모든 잎들을 즉시 제거해야 합니다. 이후 진딧물과 깍지벌레 방제에 사용하는 친환경 살충제를 뿌립니다.

식물의 잎을 노리는 해충

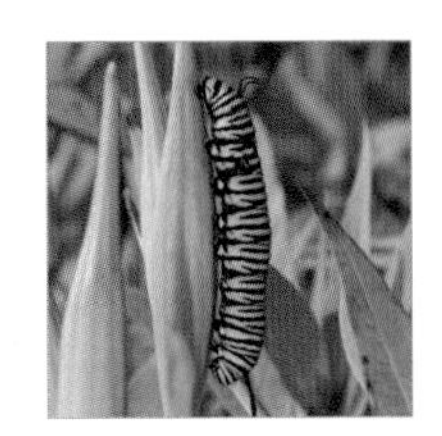

1 / 나비애벌레

우리가 잘 아는 나비의 애벌레로, 줄기 중간의 잎을 공격하고 배설물을 만들어 놓습니다. 지나간 곳의 잎에는 이쑤시개로 뚫은 것 같은 작은 구멍이 생겨납니다. 여름부터 가을까지 가장 많이 발생하며, 특히 다육식물에 많이 발생합니다.

해결책 먼저 주변에 나비가 있는지 잘 살펴본 후, 접근을 사전에 차단해야 합니다. 또 나비가 잎과 줄기에 알을 낳은 것을 발견한다면 즉시 제거합니다. 애벌레가 파먹은 구멍에는 친환경 살충제를 뿌려 둡니다.

2 / 방패벌레

실외의 과수나무나 진달래, 철쭉 등의 꽃에 많이 생기는 해충입니다. 피해증상이 응애와 비슷하며, 잎 뒷면에 검은 알과 껍데기가 붙어 있어 발견하기는 쉬운 편입니다. 5월 초순경에 집중 방제합니다.

해결책 원예용 살충제를 5일 간격으로 약 3번 정도 집중적으로 살포합니다.

식물에 상처를 내는 해충

1 / 뿌리파리

식물의 뿌리에 알을 낳고 식물 주변의 곰팡이로 끼니를 주로 해결하는 작은 파리로, 실내 습도가 올라가면 더 빠르게 번식하는 해충입니다. 베란다나 작은 온실에서 식물을 키울 경우 많이 발생합니다. 식물에 치명적인 해를 끼치지는 않지만 미관상 좋지 않고 번식력이 좋아, 성충을 제거해도 흙 속의 알에서 다시 부화해 식물을 괴롭힐 수 있습니다.

(해결책) 화분에 생기는 곰팡이를 예의주시하고, 화분마다 끈끈이트랩을 설치해주면 좋습니다. 토양 속의 유충을 제거하는 친환경 제품을 사용하면 더 좋아요.

2 / 총채벌레

실내 가드닝에서 정말 많이 발생하는 해충으로, 주로 잎의 뒷면을 갉아먹으며 색깔이 진한 관엽식물들에서 주로 발생합니다. 빠르게 개체 수가 증가하는 편이며, 뿌리파리와 비슷하게 성충을 제거해도 토양 속의 유충이 다시 자라 퍼질 수 있습니다.

(해결책) 성충을 발견한 후 빠르게 전용 약제를 뿌려 두면 좋습니다. 흙에서 유충이 자라 다시 발생하기 때문에, 깨끗한 흙으로 교체하고 지속적으로 관찰해야 합니다.

3 / 달팽이

실내 식물 중 고사리류 식물, 허브, 국화과 식물에서 많이 발생하며, 야행성이기 때문에 낮에는 숨어 있다가 밤에 식물의 부드러운 잎과 꽃을 갉아 먹습니다. 등껍질이 없는 경우가 많지만 껍질을 가지고 있는 달팽이도 있습니다. 낮 동안에는 화분 아래 쪽에 많이 숨어 있습니다.

해결책 친환경 달팽이 유인제를 놓은 접시를 화분 아래에 두면 달팽이가 섭취 후 죽는 방식으로 방제할 수 있습니다. 계속 발생한다면 흙을 다 털어내고 새로운 화분에서 식물을 키우거나 토양 살충제를 활용합니다.

• 비료

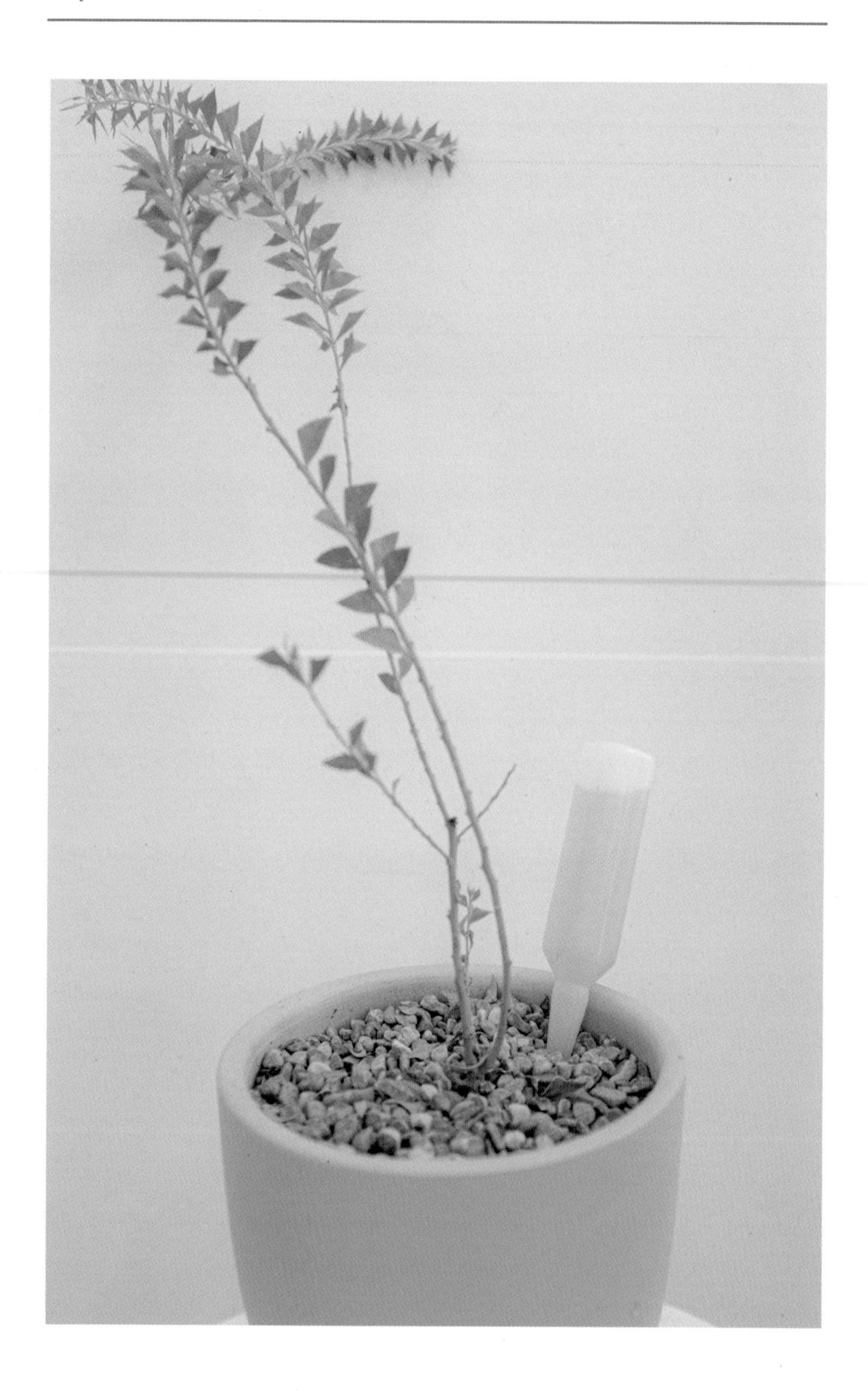

우리가 살기 위해서 밥을 먹듯, 식물도 싹을 틔우고 성장을 하기 위해서는 에너지가 필요합니다. 이 에너지를 광합성을 통해 만들고, 땅과 공기를 통해서 흡수하기도 하지요. 실내에서 식물을 키울 때는 바깥에서 키울 때보다 에너지의 공급이 제한적일 수 밖에 없습니다. 그래서 이를 보충해줄 수 있는 비료가 필요합니다.

비료는 식물을 치료하는 치료제가 아닌, 추가적인 영양소를 공급하는 영양제 역할입니다. 사람도 영양제를 과도하게 섭취하면 좋지 않은 것처럼, 과한 비료는 식물에 오히려 독이 될 수 있습니다. 키우는 식물의 특성이나 잎의 상태 등을 정확히 파악하고 적절한 양을 주는 것이 중요합니다.

식물에게 필요한 영양소

식물에게 필요한 원소의 종류는 시중의 비료 제품에 함유된 3대 요소(질소, 인, 칼륨)가 포함된 다량원소와 상대적으로 적은 양이 필요한 미량원소로 나눌 수 있습니다.

	의미	종류
다량원소	식물의 요구량이 많은 원소	산소(O), 수소(H), 탄소(C), 질소(N), 인(P), 칼륨(K), 칼슘(Ca), 마그네슘(Mg), 황(S)
미량원소	상대적으로 적은 양이 필요한 원소. 식물의 대사에서 촉매나 조절 역할을 담당하며, 흙이나 먼지, 대기오염으로부터 쉽게 얻을 수 있음	염소(Cl), 붕소(B), 철(Fe), 망간(Mn), 아연(Zn), 구리(Cu), 몰리브덴(Mo), 니켈(Ni)

식물에게 특정 원소가 많이 부족하다면 잎과 줄기에 결핍 증상이 나타날 수 있습니다. 각각의 증상을 잘 살핀 후, 해당 영양소가 포함된 비료를 보충해줄 수 있습니다. 하지만 식물의 잎에 나타나는 증상은 해당 원소의 결핍뿐 아니라 빛, 수분의 과다 등 복합적인 이유가 얽혀 발생할 수도 있는 문제이기 때문에 보다 종합적으로 식물과 주변 환경을 살펴본 후 대처해야 합니다.

비료는 언제 어떻게 주는 것이 좋을까?

식물에 비료를 주는 시기는 바깥의 텃밭과 달리 딱 정해져 있지는 않습니다. 이전 순서에서 알아본 물주는 주기와 같이, 식물의 상태와 주변 환경을 종합적으로 판단하여 적당한 양을 주어야 합니다.

일반적으로는 물주기 30번에 복합비료 한 번 정도의 비율입니다. 복합비료의 경우 질소, 인산, 칼륨이 균형 있게 들어간 비료를 선택합니다. 다만, 물을 주는 빈도에 따라 비료를 주는 시기를 조정할 수 있습니다. 물을 많이 먹는 식물은 성장 속도가 빠른 편이고, 영양분도 많이 필요하겠죠.

요즘은 물에 희석해서 사용하거나 화분에 꽂아둘 수 있는 액체 비료를 사용하기도 합니다. 알 비료를 화분에 바로 사용하게 되면 의도한 것보다 너무 많은 양의 영양분이 공급되어 오히려 식물에 독이 될 수도 있기 때문입니다.

가드닝 도구

© Eco Warrior Princess

식물 수형을 잡거나 물을 줄 때 등, 우리 집 식물을 잘 관리하기 위해서는 적절한 원예 도구와 함께하면 더 좋습니다. 요즘에는 시중에 활용도가 좋을 뿐 아니라 디자인도 예쁜 다양한 플랜테리어 용품들이 많습니다. 유용한 가드닝 도구들 몇 가지를 함께 알아보겠습니다.

1 / 물뿌리개

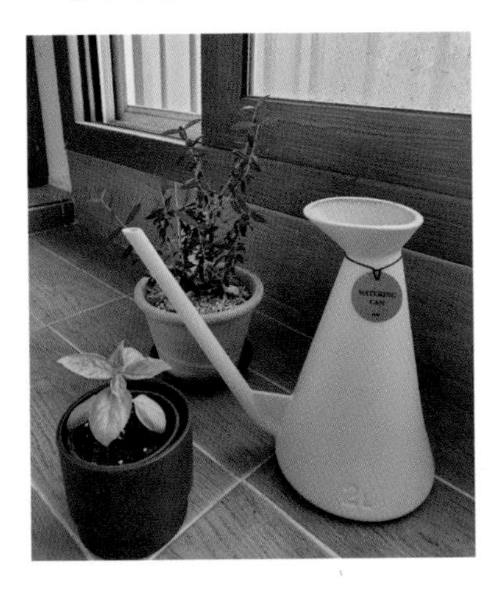

화분에 물을 줄 때 사용하는 도구입니다. 집에서 키우고 있는 식물의 개수를 고려해 용량을 선택합니다. 개인적으로는 입구가 넓어 물이 한번에 많이 나오는 제품보다 물이 나오는 양을 확인하면서 줄 수 있도록 입구가 좁은 제품이 더 좋았습니다. 다양한 브랜드의 디자인은 인테리어 요소이기도 하니, 많이 비교하고 구매하세요.

2 / 원예용 가위

식물의 줄기와 잎을 다듬는 용도로 활용하는 원예용 가위입니다. 보통 가윗날이 짧고 손잡이가 긴 형태이며, 일반 가위보다 작은 편입니다. 절삭력이 좋은 일반 가위를 사용하셔도 무방하지만, 전용 가위를 사용하면 크기가 작은 식물을 손쉽게 관리하기 좋습니다.

3 / 분무기

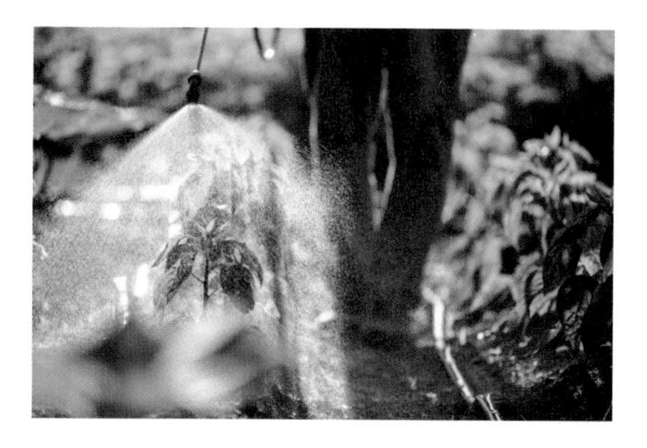

물뿌리개와는 약간 다르게, 물 또는 액체 영양제를 안개처럼 분사하는 도구입니다. 식물의 잎이나 식물 주변에 뿌려 습기를 관리하는 용도로도 활용할 수 있습니다. 크기가 작은 식물에 뿌리기도 좋습니다. 요즘에는 자동으로 양을 조절해주는 자동 분무기도 많이 나와 있습니다.

4 / 모종삽

©Neslihan Gunaydin

분갈이 등 흙을 옮겨 담을 때 많이 활용합니다. 용도에 따라 다양한 디자인의 모종삽이 나와 있으니, 이 역시 키우는 식물의 크기나 개수에 따라 선택합니다.

5 / 식물 지지대, 분재 철사, 수태봉

식물이 자라나면서 점점 길게 뻗는 줄기를 관리하기 어려울 때, 식물의 형태를 잡아주고 싶을 때, 방울토마토나 고추 등 열매가 달리는 식물의 균형을 잡기 위해 활용하는 도구입니다. 시중에 다양한 디자인과 길이의 제품이 나와 있습니다. 수태봉은 용도는 거의 비슷한데, 코코넛 섬유로 만든 디자인으로 관엽식물을 기를 때 이질감 없이 함께 기를 수 있는 제품입니다.

6 / 가든타이

보통 지지대와 함께 사용하는 제품으로, 지지대와 식물을 잘 고정하기 위해 사용합니다.

7 / 나무 막대

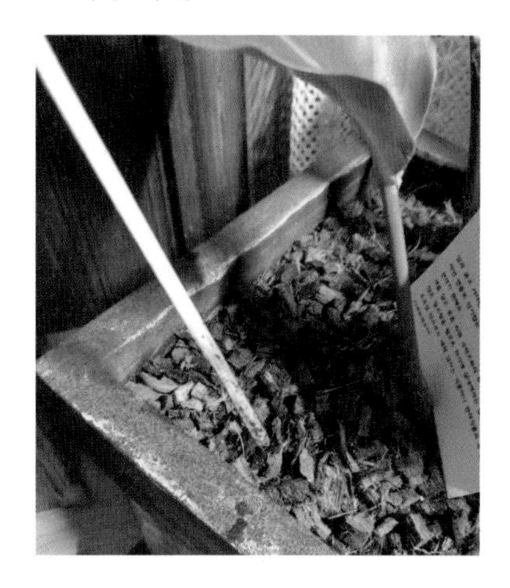

화분의 흙을 깊게 찔러 흙이 말랐는지 확인하기 좋습니다. 또는 화분의 흙을 찌르면서 흙 사이의 빈 공간을 메울 때도 활용할 수 있습니다.

8 / 끈끈이트랩

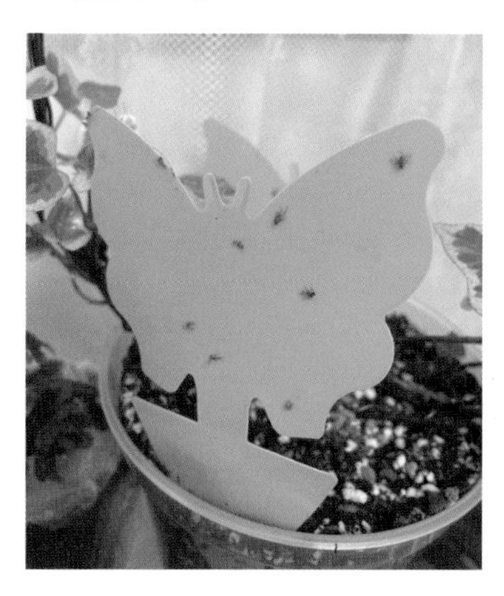

화분 사이를 오가며 식물을 공격하는 다양한 해충들을 잡기 위한 도구입니다. 해충들이 좋아하는 색깔로 유인한 후 해충들이 붙어버리도록 끈끈이 처리가 되어있습니다. 생각보다 효과가 좋아서 친환경 살충제와 함께하면 초보 가드너들의 훌륭한 무기가 됩니다.

• 삽목

식물 번식의 주요 방식으로는 식물의 열매를 맺어 씨앗을 받아 새로운 식물을 키우는 유성 생식 방식, 그리고 키우는 식물의 기관 등을 이용하여 새로운 개체를 만들어내는 무성 생식 방법이 있습니다.

무성 생식에도 다양한 방법이 있는데, 식물의 가지나 잎을 활용하는 방법을 삽목(꺾꽂이)라고 합니다. 유전적으로 변하지 않고, 기관을 뽑아낸 식물과 동일한 특징을 가질 수 있다는 장점이 있습니다. 반면, 식물마다 성공률이 천차만별이라는 단점 또한 존재합니다.

꺾꽂이(삽목)의 종류

줄기꽂이한 싱고니움

1 / 줄기꽂이

가지치기를 통해 남은 줄기 또는 잘라낸 줄기를 꺾꽂이가 용이한 토양이나 수태에 꽂아주는 방법입니다. 최대한 건강하고 어린 줄기를 잘라 활용하고, 약 45°로 비스듬히 잘라주는 것이 좋습니다. 잘라낸 기관의 잎이 너무 클 때는 잎을 조금 잘라내 광합성의 양을 줄이기도 합니다. 물의 소모량이 많아져 뿌리내림이 더딜 수 있기 때문입니다.

2 / 잎꽂이

식물의 잎 일부를 잘라내어 토양이나 물에 꽂아 식물 개체를 키워내는 방식입니다. 베고니아 또는 금전수 등의 일부 식물에만 가능합니다.

삽목 후의 관리법

흙이나 물에 삽목을 한 후에는 햇빛이 직접 닿지 않는 곳에 두거나 빛을 가려줍니다. 또한 너무 건조해서 시들어 버리거나 과습하여 삽수가 썩지 않도록 합니다. 특히 찬물을 주면 삽목된 용토의 온도를 급격히 떨어뜨려 절단 부위가 썩어버릴 수 있으므로, 미리 받아서 상온으로 맞춘 물을 주는 것이 좋습니다.

삽목 전 Checklist!

☐ 온도는 18~23℃가 적당

☐ 공중 습도를 높여서 삽수가 마르는 것을 방지

☐ 공기가 정체되면 좋지 않으므로 환기와 통풍에 주의

☐ 삽수에는 좌우에 균형 있게 잎이 나 있어야 뿌리가 균형 있게 자라는 데 도움

삽목에는 개울모래, 적토(모래가 섞인 흙), 펄라이트, 피트모스, 수태(이끼류), 질석 등을 혼합한 삽목용 상토를 사용하는 것이 좋습니다. 즉, 삽목에 사용하는 흙은 통기성이 좋고 배수력과 보수력이 두루 좋아야 합니다. 또한 박테리아나 세균의 번식 위험이 없는 흙을 고르고, 되도록 유기질의 함량이 적은 흙을 사용하는 것이 좋습니다.

삽목 때 Checklist!

□ 삽목 시 햇빛을 최소화할 것

□ 온도는 15~25℃ 사이를 유지할 것

□ 산소가 충분히 공급되도록 통기에 신경 쓸 것

□ 공기 중 습도를 올려 수분 증발 방지, 하지만 너무 높으면 세균 번식도 빨라지므로 살균 관리

Part 2

집에서 기르기

/

관엽식물편

preview
우리 집에 맞는 식물 찾기

실내에서 식물을 키우는 것은 굉장히 수고로운 일입니다. 꼬박꼬박 물을 주어야 하고, 햇빛을 잘 받는 곳으로 옮겨야 하죠. 해충에게서도 지켜내야 합니다. 자연에서 잘 자라고 있던 식물들을 집으로 옮겨 오는 것이기 때문에, 원래 살던 곳과 최대한 비슷한 환경을 만들어 주어야 합니다.
힘든 일이지만, 그만큼 식물 키우기가 주는 의미도 매우 큽니다. 잎과 줄기가 자라나고, 꽃이 피고 열매가 맺히는 것을 보며 자연의 신비로움을 집 안에서 조금이나마 느낄 수 있습니다. 또한 함께하는 식물에 대해 더 자세히 알게 되면서 마음의 위안을 얻는 한편 식물 키우기 외에 새로운 과제에도 도전할 수 있는 용기도 얻어갈 수 있습니다.

Chapter 01

식물은 처음이에요,
초보도 키우기 쉬운 식물

크고 갈라진 잎의 매력

몬스테라

학명 / Monstera Spp.

원산지 / 중앙·남아메리카

키우기 난이도 /

반려동물 / 주의

몬스테라는 좋지 않은 환경에서도 잘 자라는 열대식물입니다. 무늬가 다양하고 잎이 찢어지는 모습이 매력적이어서 인기가 많아요. 원산지만큼이나 덥고 습한 환경을 좋아합니다.

몬스테라의 성장속도는 매우 빠른 편입니다. 원산지에서는 6m 이상의 크기로 자라나고 잎의 크기만 1m에 육박하기도 합니다. 대부분의 실내 환경에서 잘 적응해서 초보 식물 집사가 기르기에 적합한 식물입니다.

햇빛을 좋아해요

몬스테라는 기본적으로 빛을 좋아하는 식물입니다. 빛이 부족하면 성장이 느려지고 가지의 마디가 길어집니다. 하지만 여름철~초가을의 직사광선은 잎에 좋지 않을 수 있기 때문에, 해가 한 번 걸러 들어오는 양지 또는 반음지에서 키우면 좋습니다.

수분 저장 능력이 좋아요

몬스테라의 줄기와 잎은 수분을 저장하는 능력이 뛰어난 편입니다. 봄부터 가을까지는 겉흙(흙 표면에서 10~20% 깊이의 흙)이 말랐을 때, 물이 화분 받침에서 살짝 빠져나올 정도로 주면 좋습니다. 겨울에는 화분 속 50~60% 깊이의 흙이 말랐을 때 줍니다.

10~27°C

열대식물이기 때문에 저온에 약한 편입니다. 몬스테라의 한계 온도는 10°C 정도이지만, 16°C 이하로만 떨어져도 성장 속도가 정체되고 냉해를 입을 수도 있으니 주의하세요. 겨울철에는 집 안으로 옮겨 주는 것이 좋습니다.

파밍순의 관리팁

① 몬스테라의 사계절

몬스테라 분갈이를 하기에 가장 좋은 시기는 봄입니다. 추위에서 벗어나 성장이 활발해지는 시기이기 때문입니다. 가을에서 겨울로 넘어가면서 기온이 낮아지면 집 안으로 옮겨 주는 것이 좋습니다.

② 갈라지는 잎

몬스테라의 잎은 햇빛을 많이 받을수록 더 갈라지는 경향이 있습니다. 잎이 조금 더 갈라지길 원한다면 햇빛이 많이 드는 장소로 잠시 옮겨 둡니다.

③ 과습은 항상 조심

습기가 너무 많으면 잎에 물방울이 과도하게 맺히기도 합니다. 이는 '과습' 현상의 초기 증상일 수 있기 때문에, 물주는 주기를 조금 조절하세요.

④ 지주대

덩굴식물인 몬스테라는 주변의 구조물을 타고 올라가려는 습성이 있습니다. 지주대를 세워 줄기를 묶은 후, 뻗어나가는 지저분한 가지를 제거하면 더 예쁘게 자랍니다.

멀리까지 퍼지는 자스민 꽃의 향기

오렌지자스민

학명 / Murraya paniculata.
원산지 / 중국 남부·동남아시아
키우기 난이도 / ●●○○○
반려동물 / 주의

오렌지자스민은 꽃의 향은 자스민을, 열매의 모양은 오렌지와 같다고 해서 그 이름을 얻게 되었습니다. 꽃의 향기가 강하고 멀리 퍼지는 식물로, 공기 정화 능력이 좋고 햇빛을 좋아합니다. 우리가 일반적으로 아는 자스민과는 다른 식물입니다. 자스민은 물푸레나무과, 오렌지자스민은 운향과에 속한답니다.
영어권에서는 Mock orange(가짜 오렌지), Chinese box 등으로 불리기도 합니다.

© Sogellizer

햇빛을 좋아해요

오렌지자스민은 햇빛이 잘 드는 곳을 좋아하는 식물입니다. 빛을 잘 받을 수 있는 양지/반양지에 두세요. 만일 건강해 보이는데 꽃이 피지 않는다면 가장 먼저 햇빛이 부족한지 살펴보세요. 햇빛이 충분해야 꽃이 핀답니다. 단, 너무 강한 직사광선을 지속적으로 받는 것은 피해주세요. 자칫 잎이 타들어 갈 수 있습니다.

꽃이 필 때는 더 신경쓰기

일반적인 물주기와 비슷하게 화분 흙의 1~2㎝ 아래 부분이 말랐을 때, 또는 화분이 가벼울 때 배수구멍으로 물이 흘러나올 정도로 주세요. 흘러나온 물이 물받침에 고여 있다면 꼭 비웁니다.

꽃이 많이 피는 시기에는 보통 물이 많이 필요하므로 더 자주 관찰하고 그에 맞게 물을 주세요. 온도가 낮아지는 겨울철에는 물주는 주기를 조금 늦추는 것이 좋습니다.

15~28℃

따뜻한 지방이 고향인 만큼 온도 유지에 신경 써야 합니다. 적정 생육 온도는 15~28℃ 정도이며, 5℃ 이하에서는 급격히 시들 수 있으니 겨울철에는 꼭 실내로 옮겨주세요.

파밍순의 관리팁

① 흙

오렌지자스민에게는 마사토나 부엽토와 같이 배수가 잘 되고, 양분이 많은 흙이 좋습니다. 일반적인 배양토에 펄라이트나 질석, 바크 등을 일부 혼합하면 좋아요. 건조나 과습을 예방하기 위해서 보수와 배수만 잘 해주면 어렵지 않게 기를 수 있습니다.

② 잎과 가지 일부 제거하기

잎과 가지가 빼곡하게 자라면 통풍을 방해할 수 있습니다. 이미 꽃이 피었다 진 오래된 가지는 정리해서 바람이 잘 통하도록 해주세요.

③ 충분한 햇빛

꽃이 피기 위해서는 충분한 햇빛이 필요합니다. 햇빛이 충분한데도 꽃이 피지 않는다면 이미 꽃이 진 가지를 제거하거나, 영양제를 과도하게 준 것은 아닌지 확인해보세요.

빛의 양에 따라 바뀌는 잎의 색

뱅갈고무나무

학명 / Ficus benghalensis

원산지 / 인도·파키스탄

키우기 난이도 /

반려동물 / 주의

인도에서 장수와 풍요로움을 뜻하는 뱅갈고무나무의 꽃말은 '영원한 행복'입니다. 뱅갈고무나무의 잎은 햇빛의 양에 따라 무늬나 색이 조금씩 달라지고, 실내의 미세먼지를 정화하는 공기 정화 능력이 뛰어납니다. 잎을 따거나 줄기를 잘랐을 때 흰 액체가 나오는 특징이 있습니다. 까다롭지 않아서 초보 식물 집사들이 시도하기 좋은 식물 중 하나입니다.

무늬가 없으면 무지 뱅갈고무나무라고 하는데, 실내 적응력이 더 좋습니다. 서아프리카가 원산지인 떡갈고무나무는 잎의 색이 훨씬 진하고 크기도 크며 이름처럼 떡갈나무와 닮았고, 잎이 조금 더 작고 매끈한 인도고무나무는 공기 정화 능력이 더욱 탁월해 실내에서 많이 키웁니다.

햇빛을 좋아해요

햇빛을 굉장히 좋아하는 식물이니, 하루 최소 3~6시간 이상의 빛을 받을 수 있는 곳에서 키우는 것이 좋습니다. 너무 어두운 곳에서 키우면 웃자람 현상이 발생할 수 있으니 주의해야 합니다.

건조함에 강해요

흙의 건조함에 강한 식물입니다. 겉흙이 완전히 말랐을 때 물을 주고, 겨울에는 물주기 빈도를 조금 더 늦춥니다. 과습 또는 물부족이 지속될 경우, 잎이 한번에 후두둑 떨어질 수 있어요. 이때는 따뜻한 실외 공간으로 옮겨주면 좋습니다.

20~25°C

뱅갈고무나무는 최소 13°C, 최대 40°C에서 기를 수 있습니다. 적정 생육 온도는 20~25°C고, 13°C 이하에서는 잎이 떨어질 수 있습니다. 적절한 습도는 약 40% 에서 70% 사이입니다.

파밍순의 관리팁

① 가지치기

뱅갈고무나무의 형태를 바꾸고 싶다면, 5~8월 사이의 따뜻한 날에 가지치기를 하면 좋습니다. 잘라낸 부위의 주변에서 새 잎이 작게 자라나 1개월 내로 더욱 풍성한 고무나무로 변신합니다. 가지를 잘라낸 후 직사광선을 잠시 받게 하면 잘린 자리가 조금 더 빨리 회복할 수 있습니다.

② 키우는 장소

뱅갈고무나무는 반양지 또는 반음지에서도 잘 자라지만, 한여름의 바깥 볕에서도 잘 적응합니다. 뱅갈고무나무가 요구하는 조도 범위는 약 800~10,000Lux으로, 빛이 적은 곳에서도 나름 잘 적응하는 식물입니다. 창가에서 너무 멀지 않은 거실이나 약 100~150cm 떨어져있는 발코니에서 키우면 좋습니다.

하트 모양 잎을 가진 사랑의 나무

필로덴드론

학명 / Philodendron

원산지 / 남아메리카

키우기 난이도 /

반려동물 / 주의

필로덴드론이라는 이름은 그리스어 'Philo(사랑)'와 'Dendron(나무)'가 결합된 것입니다. 열대아메리카가 원산지로 약 200여 종이 발견되었고, 우리가 접하는 품종들은 대부분 인위적으로 육종된 잡종이랍니다. 가장 유명한 관엽식물 중 하나이자 환경에 잘 적응하는 식물인데, 비교적 크게 자라기 때문에 조금 넓은 공간이 필요합니다. 국내에서는 필로덴드론 버킨, 필로덴드론 콩고 등을 많이 기릅니다.

필로덴드론은 형태에 따라 덩굴 모양으로 자라는 심장형, 스스로 서서 자라는 직립성으로 분류할 수 있습니다. 또 직립형이면서 줄기가 목질화되어 나무처럼 자라는 종류도 있습니다.

© feey

직사광선을 피해주세요

덩굴형 필로덴드론은 22,000Lux 정도의 조도가 나오는 공간에서 키우는 것이 좋습니다. 다만 집에서 기를 때는 강한 직사광선은 피해주세요. 줄기가 나무처럼 단단해지는 목질화 필로덴드론은 조금 더 햇빛이 있는 곳에서 키우는 것이 좋습니다.

물을 좋아해요

필로덴드론은 습한 환경을 좋아하므로 건조하지 않도록 분무를 통해서 공중 습도를 유지해 주세요. 하지만 흙의 습도가 너무 높아서 눅눅해지면 식물 뿌리의 호흡을 방해하여 생육에 지장을 초래할 수 있으니 과습하지 않도록 주의가 필요합니다.

18~28℃

10℃ 이하의 저온은 피해야 하며 되도록이면 24℃ 이상의 온도에서 기르는 것이 좋습니다. 이상적인 낮 온도는 27~29℃, 밤 온도는 18~21℃입니다. 겨울철에는 15℃ 이상의 공중 온도가 필요하며, 일반적인 가정의 실내에서는 문제없이 겨울을 날 수 있습니다.

파밍순의 관리팁

① 병충해 주의하기

흙이 너무 습하거나 통풍이 제대로 되지 않으면 무름병, 세균성 잎썩음병, 온실가루이 등의 각종 병충해가 발생할 수 있으므로 자주 환기하는 것이 좋습니다. 다만, 가을이나 겨울철의 찬 공기를 직접 맞는 것은 좋지 않으므로 서큘레이터나 선풍기를 통해서 통풍을 해주세요.

② 흙과 비료

필로덴드론의 배양토는 일반적으로 보수력이 좋고 통기성이 우수한 재료를 사용합니다. 수태나 피트모스를 바크, 목재 부산물, 펄라이트 등과 혼합하여 사용하며, 흙의 pH는 5.5~6.0이 적절합니다.

대부분의 필로덴드론은 다비성 식물로 많은 양의 비료가 필요합니다. 소형 화분이나 걸이분이라면 액비나 용해성 비료를 규칙적으로 주는 것이 좋으며, 몇 주마다 깨끗한 물로 흙을 씻어 내려주세요. 대형 필로덴드론은 액비나 과립상 비료 또는 코팅된 완효성 비료를 사용해도 좋습니다. 다만, 비료를 사용하는 것에는 정해진 답이 없으니, 주변 환경과 식물의 상태를 보고 그에 맞춰 시비하는 것이 좋습니다.

쑥쑥 자라는 우산 모양 식물

홍콩야자

학명 / Schefflera arboricola

원산지 / 중국 남부, 대만

키우기 난이도 /

반려동물 / 주의

중국 남부와 홍콩에서 많이 볼 수 있어 '홍콩야자'라고 부르지만, 홍콩야자는 야자나무과가 아닌 두릅나무과 식물이랍니다. 굵은 원줄기와 여기서 뻗어 나오는 가지들과 잎이 마치 우산과 비슷하여 우산나무(Umbrella Tree)라고도 불립니다. 성장 속도가 꽤 빠르고 환경에 크게 영향을 받지 않기 때문에 초보 식물 집사가 시도하기 좋은 관엽식물입니다.

여름철 직사광선은 조심!

웬만한 환경에서도 잘 적응하고 자라나지만, 빛이 한 번 걸러져 들어오는 반양지에서 키우는 것이 가장 좋습니다. 여름철의 직사광선은 잎을 손상시킬 수 있으니 주의하세요.

건조함에 강해요

겉흙(화분에서 10~20%의 깊이)이 말랐을 때 물을 주는 것이 좋습니다. 겨울에는 물주기 빈도를 조금 더 늦춰줍니다.

20~25˚C

적정 생육 온도는 20~25˚C, 최저 한계 온도는 약 10˚C로 겨울철에도 따뜻한 곳에서 지낼 수 있도록 해주세요.

파밍순의 관리팁

① 웃자람 방지하기

빛이 너무 부족한 곳에서 홍콩야자를 키우면 줄기만 길게 자라는 웃자람 현상이 발생할 수도 있습니다. 웃자란 화분은 빛이 더 많은 곳으로 옮기고, 잎이 말려 있거나 줄기의 색이 변했다면 과감히 제거하는 것이 좋습니다.

길게 뻗은 가지가 예쁜 식물

파키라

학명 / Pachira aquatica

원산지 / 중국 남부·중앙아메리카

키우기 난이도 /

반려동물 / 안전 (열매는 주의)

파키라는 멕시코와 남아메리카가 원산지로, 자연에서는 최대 18m까지도 자라며 화분에서는 환경에 따라 30~200cm까지 다양한 크기로 자랍니다. 두꺼운 줄기에서 뻗은 가느다란 가지가 특징인 관엽식물입니다. 꽃말은 '행운, 행복'이며, 머니트리(money tree)라는 별명이 있어서 개업 선물이나 집들이 선물로도 많이 사랑받습니다.

파키라는 굵은 목대 위에 녹색과 연두색의 잎이 자란 이국적인 모습으로 식물 집사들에게 인기가 있습니다. 또 잎뿐만이 아니라 꽃과 열매도 볼 수 있는데, 특히 꽃이 크고 아름답습니다.

© feey

햇빛을 좋아해요

파키라는 밝은 곳을 좋아하지만, 채광량이 적어도 어느 정도 잘 버티므로 실내에서 키우기 좋은 식물입니다. 직사광선을 직접 쐬는 것보다는 간접광이 들어오는 밝은 곳이 적당합니다. 중간 광도인 800~1,500Lux나 높은 광도인 1,500~10,000Lux가 좋고, 거실 안쪽이나 창측, 또는 발코니 안쪽에서 기르면 좋습니다.

흙 확인하기

친수성 식물로, 물을 충분히 주는 것이 좋습니다. 다만, 과습으로 인한 피해에 주의하세요.

봄부터 가을까지는 나무젓가락 등으로 흙의 상태를 확인합니다. 흙이 포슬포슬한 상태가 가장 좋아요. 물을 조금씩 자주 주는 것보다는 흙이 말랐을 때, 충분히 듬뿍 주세요. 겨울에는 화분의 깊은 부분까지 말랐을 때 충분히 주고, 주기도 조금 더 길게 잡는 것이 좋습니다.

21~25℃

파키라는 21~25℃에서 가장 잘 자라며, 추위에 약하므로 겨울에도 13℃ 이상을 유지해야 합니다. 만일 실내의 창가에서 파키라를 키우고 있었다면 겨울철에는 실내의 안쪽으로 옮겨주세요. 햇빛을 조금 덜 봐도 잘 버팁니다. 단, 실내 온도가 너무 높고 건조해지면 응애나 깍지벌레 등의 해충이 생길 수 있으니 선풍기 등으로 통풍에 신경 쓰고, 공중 습도를 높게 유지하세요.

파밍순의 관리팁

① 흙과 비료

파키라를 기르는 화분의 흙은 원예용 상토를 기본으로, 마사토나 펄라이트 또는 바크를 약 30% 혼합하여 사용합니다. 배수력을 높이기 위해서입니다.

비료는 5월 즈음에 환효성 입상비료를 적당량 줍니다. 파키라 자체가 크게 자라는 종이므로, 지나치게 비료를 많이 주면 실내에서 키우기 힘들 정도로 커질 수 있습니다. 만일 파키라가 너무 작아 크게 키우고 싶다면 5~9월 사이에 한두 달 주기로 묽은 액체 비료를 줍니다.

② 잎이 누렇게 변할 때의 원인

✔ 자연스러운 하엽으로 인한 변화 ▶ 자연스러운 현상이므로 그대로 둡니다.

✔ 너무 오랫동안 햇빛을 보지 못했을 때 ▶ 빛을 받을 수 있는 곳으로 옮겨주세요. 다만, 급격한 변화는 오히려 독이 되므로 조금씩 위치를 변경합니다.

✔ 과습으로 인한 뿌리 피해 ▶ 통풍이 잘 되도록 조치해주고, 만일 화분에 문제가 있다면 분갈이를 해주는 것도 좋아요.

✔ 저온 ▶ 추위에 약하기 때문에 잎이 변색될 수 있어요. 온도를 확인하고 따뜻한 곳으로 옮겨주세요.

©오묘한 도로시

달콤한 열매를 수확해 보세요!

무화과나무

학명 / Ficus Carica

원산지 / 아시아, 지중해

키우기 난이도 /

반려동물 / 주의

무화과라는 이름은 '꽃이 피지 않고 열매가 열린다'라는 뜻이지만, 사실 무화과나무의 꽃은 열매 모양의 꽃받침 안에서 피어납니다. 단풍나무 모양의 큰 잎을 가지고 있고, 초보 식물 집사들도 잘 관리한다면 충분히 열매까지 수확할 수 있습니다.

햇빛을 아주 좋아해요

하루 최소 6시간 이상의 빛을 받을 수 있는 곳에서 키우는 것이 좋습니다. 빛을 좋아하는 식물로, 풍부한 빛을 더 많이 받을수록 좋은 열매를 맺습니다.

겉흙을 확인하세요

다른 일반적인 관엽식물과 같이, 식물의 겉흙을 확인하고 물을 줍니다. 특히 열매가 익어가는 시기에는 더욱 많은 물이 필요하기 때문에, 흙을 자주 확인하는 것이 좋습니다.

10~25°C

10~25°C가 가장 적절하고, 너무 더운 곳에서 키우면 열매의 크기가 작아집니다. 실내 환경을 따뜻하게 유지한다면 겨울에도 키울 수 있어요.

파밍순의 관리팁

① 해충 조심

무화과나무는 벌레들의 도움으로 수정을 하는 식물이기 때문에, 벌레를 유혹하기 위한 달콤한 향기가 특징입니다. 하지만 그렇기 때문에 해충을 유인할 수도 있습니다. 벌레가 생기는지 자주 확인하고, 미리 방제하세요.

② 열매

열매는 2년생 이상의 건강한 나무에서 수확할 수 있습니다. 처음에는 밝은 초록색의 열매가 열리는데, 초록빛이 완전히 없어졌을 때 수확합니다.

뾰족하고 긴 잎이 매력적인 식물

스투키

학명 / Sansevieria cylindrical
원산지 / 아프리카
키우기 난이도 /
반려동물 / 주의

스투키는 길고 곧게 뻗은 잎을 자랑하는 관엽식물입니다. 수분을 잎에 보관하는 다육식물의 한 종류로, 대부분의 실내 환경에서 어렵지 않게 자랍니다. 식물을 처음 키우는 초보 식물 집사, 또는 사무실에서 크게 신경 쓰지 않고 식물로 분위기를 환기시키고 싶은 분들에게 적당합니다.

빛이 부족해도 괜찮아요

스투키는 빛에 그리 민감하지 않은 식물로, 빛이 다소 부족한 실내에서도 잘 자랍니다. 다만, 빛이 부족한 환경에 장시간 있다가 갑자기 빛이 강한 곳으로 옮길 경우 식물체에 손상이 생길 수 있습니다.

건조함에 강해요

수분이 적고 건조한 곳에서 자라던 식물답게, 물을 자주 주지 않아도 잘 자라는 식물입니다. 흙이 안쪽까지 말랐을 때 물을 주세요.

18~27°C

아프리카가 고향인 식물답게, 추위에 약한 편입니다. 온도가 낮아지거나 찬 바람에 노출되지 않도록 주의하세요.

파밍순의 관리팁

① 잎을 굵게 하려면

스투키의 잎이 너무 가늘고 길게만 자란다면, 잎 끝의 뾰족한 부분을 잘라주세요. 이 부분은 생장점으로, 생장점을 제거하면 잎이 더 이상 위로 자라지 않습니다.

② 번식

스투키의 잎 일부분을 자르고 물에 꽂아 두면 뿌리가 자라납니다. 이 잎을 흙에 옮겨 심으면 계속해서 스투키를 길러낼 수 있습니다.

돈을 불러오는 식물

금전수

학명 / Zamioculcas zamiifolia

원산지 / 아프리카

키우기 난이도 /

반려동물 / 주의

금전수라는 이름은 중국에서 유래한 것으로, 잎이 동전을 줄줄이 건 것처럼 생겼다고 해서 붙은 이름입니다. 사실 나무가 아니기 때문에 금전초라고도 불리지만 동명의 꿀풀과의 식물이 있으므로 구분할 필요가 있습니다. 원산지는 케냐, 탄자니아, 모잠비크, 남아프리카 공화국 등의 아프리카 지역입니다. 특유의 생김새와 이름으로 집들이나 개업 등의 선물용으로 인기가 좋으며, 키우기도 쉽습니다. 광택 있는 잎이 매력적인 금전수는 그늘진 곳에서 잘 견디지만, 실내의 밝은 간접광에서 키우는 것이 적합합니다. 환경 조건에 견디는 힘이 뛰어나지만 과습한 상태에서 저온 상태가 지속되면 뿌리가 썩기도 하니 온도와 습도에 신경 써야 합니다. 그리고 천남성과의 식물인 만큼 치명적인 독성이 있으니, 어린이나 반려동물이 먹지 않도록 조심해주세요.

© feey

빛이 부족해도 괜찮아요

금전수는 어지간한 환경에서 잘 버티는 특징이 있습니다. 그래서 햇빛이 적은 곳에서도 잘 적응하지요. 하지만 너무 빛이 들지 않는 곳보다는 밝은 간접광이 들어오는 곳에서 키우는 것이 가장 좋습니다. 직사광선을 바로 받게 되면 잎이 화상을 입을 수 있으므로 실내의 창가나 베란다 등에 놓아주세요.

물 보관에 강해요

금전수는 감자같이 생긴 지하경(rhixome)에 수분을 저장하기 때문에 건조한 상태에서도 상당기간 버틸 수 있습니다. 또한 줄기와 잎자루에도 수분 함량이 매우 높아 과습에 취약하므로 물을 자주 주지 않아도 됩니다. 대략 3주 정도에 1번씩 주면 충분해요. 즉, 물 관리가 어렵지 않은 식물인 것이죠.

16~20°C

적정 생육 온도는 16~20℃이며, 겨울철에도 13℃ 이상을 유지하는 것이 좋습니다. 원산지에서는 건기 동안 말라 죽고 뿌리줄기를 통해 휴면하다가 비가 다시 내리면 싹이 돋습니다. 실내에서는 그렇지는 않지만, 10℃ 이하의 저온에서는 생육이 멈추고, 저온이 지속되면 잎이 노랗게 변하여 떨어질 수 있으니 온도 유지에 신경 쓰세요.

파밍순의 관리팁

① 흙과 분갈이

금전수는 과습에 취약해 약간 건조하게 기르는 것이 좋으므로 배수력이 좋은 흙을 사용합니다. 흔히 사용하는 원예용 상토에 세척한 마사토나 펄라이트를 혼합합니다. 만일 금전수를 심을 화분이 깊고 크다면 난석과 같이 가벼운 배수 자재를 사용합니다.

금전수의 경우 뿌리가 아주 촘촘하고 많이 박혀 꽉 차게 크는 특성이 있어 분갈이를 자주 하지 않는 편입니다. 하지만 보통 꽃집에서 사온 큰 화분의 금전수는 밑에 스티로폼으로 채워져 있는 경우가 많으므로, 어느 정도 자랐다면 분갈이를 해주는 것이 좋아요. 분갈이를 오래 하지 않으면 뿌리가 화분을 깨기도 합니다.

② 그 밖의 관리팁

✔ 빛을 많이 보고 환경 조건이 맞으면 꽃이 피어요.

✔ 통풍이 잘 되지 않거나 물빠짐이 좋지 않을 경우, 또는 찬 공기에 오래 노출된 경우 잎이 노랗게 변할 수 있어요.

✔ 노랗게 변한 잎은 다시 회복되지 않으므로 제거합니다.

✔ 마르거나 갈색으로 변한 줄기도 과감하게 가지치기하세요.

행운을 불러오는 꽃을 가진 덩굴식물

호야

학명 / Hoya Carnosa

원산지 / 동남아시아, 호주

키우기 난이도 /

반려동물 / 주의

크게 신경 쓰지 않아도 잘 자라는 식물인 호야는 동아시아, 호주가 고향이에요. 박주가리과의 식물로, 호야라는 속명은 영국의 식물학자 로버트 브라운(Robert Brown)이 동료인 토마스 호이(Thomas Hoy)를 기리기 위해 붙인 이름이라고 합니다.

덩굴성 다년생 초본으로 기근(공중 뿌리)이 발생하고 2~3m 정도 자랍니다. 잎은 다육질이고 긴 타원형으로 둔탁한 광택이 있어요. 꽃은 6~9월에 피고, 약 200여 종이 존재합니다.

열대지방이 고향인 호야는 추위에 약하지만, 온도만 잘 유지해준다면 크게 신경 쓸 필요 없이 쉽게 키울 수 있는 식물입니다. 덩굴성 식물로 줄기가 길게 뻗어 자라며, 기근이 발생하여 다른 물체에 부착하여 자라는 특성을 가지고 있습니다. 덕분에 공중화분 등으로도 키울 수 있어 플랜테리어에도 적합한 식물이에요.

© feey

햇빛을 좋아해요

은은하고 밝은 빛이 잘 들어오고 통풍이 잘 되는 곳에서 기르는 것이 가장 좋습니다. 빛을 많이 받을수록 새 잎도 잘 나오고 꽃도 잘 피웁니다. 다만, 강한 직사광선을 직접 받는 것보다는 창문 등을 거쳐 들어오는 간접광이 더 적당하며 중간 광도(800~1,500Lux)나 높은 광도(1,500~10,000Lux)로 맞춰주면 더 좋습니다.

잎 상태를 확인해주세요

호야는 다육 식물로 건조에 강해 물을 자주 주지 않아도 잘 견디는 편입니다. 호야에게 물 주기 전, 두 가지를 확인하세요. 잎을 만졌을 때 말랑말랑하고 힘이 없는 경우, 잎 뒷면이 쭈글쭈글하게 주름이 지는 경우. 이 두 경우는 물이 부족하다는 신호이므로 듬뿍 줍니다.

21~25℃

호야는 열대지방이 고향이라 추위에 많이 약해요. 그래서 겨울철에도 13℃ 이상을 유지하는 것이 좋습니다. 적정 생육 온도는 21~25℃입니다. 또한 너무 건조한 것보다는 어느 정도 습도가 유지되는 것이 좋으므로 공중 습도를 40~70% 정도로 유지해주세요. 너무 건조하다 싶으면 분무기나 가습기 등을 이용해서 습도를 맞춥니다.

파밍순의 관리팁

① 꽃 피우기

호야는 꽃이 피면 행운이 온다는 이야기가 있을 정도로 꽃을 보기가 어려운 식물이라고 합니다. 보통 꽃을 보기 위해서 2~3년 정도 키워야 합니다. 하지만 이렇게 아름다운 꽃이 피니 분명 시도해 볼 만한 가치가 있습니다.

호야가 개화하기 위해서는 먼저 충분한 햇빛과 적절한 물 관리, 그리고 통풍이 필요합니다. 특히 처음에 꽃이 피기 위해 올라오는 꽃대를 곁가지로 오해해서 정리하지 않도록 주의하세요. 처음에는 꽃대처럼 보이지 않지만 점점 자라나 별 모양 꽃이 핀답니다.

② 그 밖의 관리팁

- ✔ 흙은 다육이 전용토를 쓰거나 배수가 잘 되도록 배수재와 상토를 혼합하여 사용합니다.
- ✔ 흙이 너무 습하면 꽃이 피지 않으니 물 관리를 잘 해주세요.
- ✔ 추운 것을 싫어하니 온도를 잘 유지하세요. 단, 겨울철에 너무 따뜻하게 하면 약해지거나 꽃이 피지 않을 수 있습니다.
- ✔ 덩굴성 식물이므로 지지대를 이용하면 더 예쁘게 모양을 잡을 수 있어요.
- ✔ 개체수를 늘리고 싶다면 삽목을 합니다. 단, 다른 덩굴성 식물에 비해 뿌리내리는 것이 오래 걸려요. 기근이 있는 곳을 잘라서 삽목하면 조금 더 쉽게 번식할 수 있어요.

preview
공기 정화 식물

갈수록 더 심해지는 미세먼지 때문에 건강이 걱정되시나요? 공기 정화 능력이 좋은 실내 식물을 들이면 도움이 될 거예요. NASA(미국항공우주국)는 우주정거장 내부의 공기 정화를 위해 다양한 식물들을 연구해 왔어요. 실내 공기와 독성 물질을 정화하는 데 도움을 줄 수 있는 식물들을 소개합니다.

NASA 선정 공기 정화 식물 순위

1위 **아레카야자**
담배 연기나 휘발성 유기화합물과 같은 유해물질을 제거하는 능력이 탁월합니다.

2위 **관음죽**
공기 중의 암모니아 제거 효과가 탁월하여 특히 화장실 냄새 제거를 위해 사용하면 좋습니다.

3위 **대나무야자**
잎을 통해 물이 식물체 밖으로 빠져나가는 증산 작용이 뛰어나 가습기 대용으로 인기가 좋습니다.

Chapter 02

/

우리 집 공기 정화에 좋은 식물

1등 공기 정화 식물

아레카야자

학명 / Dypsis Lutescens

원산지 / 마다가스카르

키우기 난이도 /

반려동물 / 안전

아레카야자는 풍성한 잎이 예쁜 야자과의 식물입니다. 공기 중의 유해 물질을 정화하고, 수분을 방출하는 능력이 좋은 식물 중 하나이죠. 약 1.8m 길이의 아레카야자는 하루에 약 1L의 수분을 배출해서, 실내에 두면 가습 효과도 볼 수 있습니다. 뾰족한 잎이 길게 뻗는 모습이 예쁘고, 관리도 비교적 쉬운 편으로 많이 키우는 식물입니다.

©Behnam Norouzi

간접광을 좋아해요

아레카야자는 직접 빛을 쬐는 것보다 간접적으로 햇빛을 받는 것을 좋아합니다. 실내의 밝은 곳에서 약 6시간 이상의 빛을 확보할 수 있는 공간에서 키우는 것이 좋습니다. 여름철의 직사광선은 잎을 손상시킬 수 있습니다.

일주일에 한 번

물을 빠르게 방출하는 식물로, 봄부터 가을까지는 약 일주일에 한 번 물을 주는 것이 좋습니다. 흙의 마름 정도를 확인 후 물을 주되, 평소에도 분무기로 잎 주변에 물을 뿌려 습도를 높여주세요.

21~25°C

최저 한계 온도는 13°C 정도이지만, 아레카야자가 가장 잘 자랄 수 있는 온도는 21~25°C입니다. 추위에 약한 식물이기 때문에 기온이 낮은 곳에서 장시간 방치하지 마세요.

파밍순의 관리팁

① 잎이 노랗다면

아레카야자는 잎이 길면서도 뾰족한 특징을 갖고 있어요. 수분 증발이 굉장히 활발하기 때문에 잎의 끝이 노랗게 마를 수도 있는데, 이 잎들이 신경 쓰인다면 잘라도 괜찮습니다.

② 빛이 적다면

아레카야자가 요구하는 조도는 약 800~10,000Lux 사이로, 빛이 조금 적은 곳에서도 잘 적응해서 자라는 편이에요. 창가에서 너무 멀지 않은 거실 또는 창가에서 약 150cm 이하로 떨어진 발코니에서 키우면 좋습니다.

하트 모양의 커다란 잎

알로카시아

학명 / Alocasia app.

원산지 / 아시아

키우기 난이도 /

반려동물 / 주의

알로카시아는 하트 모양의 큰 잎이 아름다워 인기 있는 관엽식물 중 하나입니다. 우리가 흔히 볼 수 있는 건 대부분 알로카시아 오도라라는 종으로, 키도 잎도 시원스럽게 큰 편입니다.

알로카시아는 열대 숲과 강이나 습지 등에서 자생합니다. 대부분 뿌리줄기성 여러해살이 식물이며, 땅 표면을 기는 기는 줄기(포복경, stolon)나 잎 겨드랑이에 생기는 구슬 모양의 눈인 구슬눈(주아, bulbil)으로 번식하는 특징을 가지고 있습니다.

직사광선은 싫어요

알로카시아는 햇빛을 좋아하긴 하지만 열대지방의 큰 나무들 아래에서 자라던 습성처럼 햇빛을 직접적으로 보지 않는 환경이 좋습니다. 직사광선을 보게 되면 잎이 타들어 가는 피해를 볼 수 있으므로 실내에서는 직사광선이 닿지 않는 가장 밝은 곳에 두세요.

높은 습도를 좋아해요

화분의 흙은 촉촉해야 좋지만, 지나친 수분은 뿌리의 호흡에 방해가 됩니다. 물을 주기 전 먼저 나무젓가락이나 손가락으로 흙을 확인하세요. 겨울철 생육이 느려질 때는 여름보다 횟수를 줄이는 등 상황에 맞게 조절합니다.

열대식물의 특성상 습도가 높은 환경을 유지해야 합니다. 적정한 습도는 60% 이상이지만, 일반적으로 실내에서 그 정도 습도를 유지하기 힘들기 때문에 분무기나 가습기를 사용하여 공중 습도를 유지합니다.

18~25℃

18~25℃가 생육에 적합하지만, 15℃ 이상을 유지하면 크게 문제없이 잘 자랍니다. 겨울철에는 온도가 많이 내려가서 휴면기를 가질 수 있습니다. 이때는 다람쥐가 겨울잠을 자듯 생육이 멈추는 시기이므로 물과 비료를 멈추는 것이 좋습니다. 실내에서 키운다면 휴면기에는 잘 들지 않지만, 물 주는 횟수는 되도록 줄이는 것이 좋습니다.

파밍순의 관리팁

① 잎에서 물이 떨어지면

알로카시아를 기르다 보면 잎에서 물이 뚝뚝 떨어지는 것을 볼 수 있습니다. 이는 일액 현상이라고 하는데, 정상적인 현상입니다. 식물은 흡수한 물 중 일부를 사용하고 나머지는 체외로 배출하는데, 대부분 기체로 배출되지만 일부는 식물의 배수조직을 통해 액체로 배출되어 이렇게 보입니다.

② 흙과 비료

알로카시아를 위한 흙은 배수가 잘되고 통기성이 좋으며, 유기물이 많이 함유된 것이 좋습니다. 피트모스와 일반적인 상토, 그리고 펄라이트나 굵은 모래를 섞은 배합토를 사용합니다.
알로카시아는 봄부터 늦은 여름까지 성장하므로 이 시기에 적당히 비료를 줍니다. 비료의 사용 주기나 양은 식물의 성장세를 보고 결정하는 것이 좋아요. 정답은 없습니다.

초록잎과 하얀 꽃의 조화

스파티필름

학명 / Spathiphyllum app.

원산지 / 열대 아메리카

키우기 난이도 /

반려동물 / 주의

스파티필름은 천남성과의 식물로 영명은 'Peace lily, White anthurium'입니다. 저광도의 실내 조건에서 아주 잘 견디고, 잎의 모양이 아름답고 하얀색의 꽃이 예쁘며, 공기정화 능력이 뛰어나 실내에서 기르기 좋은 관엽식물입니다.

스파티필름의 원래 고향인 열대 아메리카의 차광이 많이 되고 따뜻하고 습한 환경처럼, 실내에서 키울 때도 햇빛이 조금 덜 드는 반그늘에서 키우는 것이 좋습니다.

©Outi Marjaana

고온다습한 곳을 좋아해요

열대 정글의 큰 나무 그늘 아래에서 자라던 습성이 있어 반그늘의 직사 광선이 닿지 않는 곳에서 키우는 것이 좋습니다. 아무래도 고향이 고향인지라 고온다습한 환경을 좋아한답니다.

흙의 마름 확인하기

흙이 건조해 보일 때(겉흙이 말랐을 때) 물을 충분히, 축축하게 주되 넘치지 않도록 주의합니다. 과습에 강한 편이지만, 그래도 모든 식물이 그러하듯 과습하지 않도록 하는 것이 좋겠지요. 잎을 관찰하여 아주 약간 시든 것처럼 보일 때까지 기다렸다가 물을 주어도 좋습니다.

20~25℃

적정 생육 온도는 20~25℃이고 겨울철 생육을 계속하기 위해서는 13~15℃를 유지합니다. 7~8℃ 이하로 떨어지면 식물체가 죽을 수 있으니 너무 춥지 않은 온도로 유지하세요.

파밍순의 관리팁

① 번식

보통 2년에 1번, 포기나누기를 통해서 번식합니다. 화분에서 스파티필름 줄기를 완전히 빼낸 후, 잎의 무리를 2개 이상(3~4줄기가량) 분리하여 다른 화분에 심으면 됩니다. 포기를 나눌 때 뿌리가 부러지지 않도록 주의하고, 지름이 15㎝보다 크지 않은 화분에 심습니다.

② 흙과 비료

스파티필름을 심을 화분의 흙은 나무껍질 퇴비가 섞인 흙을 기본으로, 모래나 펄라이트 등을 섞어 배수력을 높인 것이 좋습니다. 기본적인 물과 햇빛 관리만 잘 된다면 크게 다른 관리가 필요하지는 않지만, 비료를 주고 싶다면 일반적으로 실내 화초에 주는 비료의 권장량보다 적게(½이나 ¼정도), 스파티필름이 가장 활발하게 성장하는 봄이나 여름 동안 두 달에 한 번 정도만 주는 것이 좋습니다.

©Annie Spratt

뚜렷한 잎맥과 꽃의 아름다움

안스리움

학명 / Anthurium andraeanum
원산지 / 열대 아메리카
키우기 난이도 /
반려동물 / 주의

안스리움은 천남성과의 식물로 영명은 Flamingo lily(홍학꽃)라고 합니다. 꼬리 모양의 꽃(tail flower)를 의미하는 두 개의 그리스 단어에서 유래되었다고 해요. 전 세계적으로 약 600종이 있는데 콜롬비아에만 약 500여 종의 자생종이 있으며, 나머지는 열대 아메리카에 분포하고 있어요. 꽃말은 '번민, 사랑에 번민하는 마음'입니다. 안스리움은 현재 수많은 품종이 유통되며, 꽃을 관상하는 종류와 잎을 관상하는 종류로 나뉩니다.

직사광선은 싫어요

품종에 따라 다르지만 16,000~27,000Lux정도의 광도가 적절한 햇빛이에요. 즉, 직사광선은 되도록 피할 수 있는 반그늘에서 기르는 것이 좋습니다. 안스리움은 햇빛을 그리 좋아하지 않기 때문에 햇빛이 직접 닿더라도 오전에 잠깐 빛을 보고 오후에는 햇빛이 가려지는 곳이 적당합니다.

너무 습하지 않게 해주세요

안스리움을 너무 습한 곳에 두면 뿌리가 썩을 수 있어요. 따라서 화분의 흙이 마른 후에 물을 흠뻑 주는 것이 좋으며, 물받침에 고인 물은 꼭 바로 비웁니다. 상대습도를 적어도 40% 이상으로 유지하는 것이 좋아요.

18~30℃

안스리움은 열대지방이 고향인 만큼 추위에 매우 약해요. 생육 적정 온도는 18~30℃이고, 야간에도 17~23℃를 유지합니다. 가을 이후에는 13~15℃ 이상을 유지해야 월동이 가능합니다. 특히 15℃ 이하의 저온에 장시간 두면 심한 스트레스를 받아 하엽이 누렇게 되고, 회복하는 데도 시간이 걸리므로 주의해야 해요.

파밍순의 관리팁

① 해충

실내에서 키우는 안스리움은 응애와 깍지벌레에 피해를 보기 쉽습니다. 모든 실내식물을 키울 때와 마찬가지로 해충이 발생하는지 항상 관찰하는 것이 가장 좋은 방제 방법입니다. 해충을 발견하면 초기에 친환경 살충제를 뿌려주세요.

② 흙과 비료

안스리움은 보통 관엽식물의 배지보다 배수성이 좋고, 수분 보유력은 다소 낮은 흙에서 잘 자랍니다. 보통 소나무 바크나 땅콩껍질, 나무 부스러기 같은 다양한 혼합배지를 많이 사용해요. 피트모스를 너무 많이 쓰면 수분이 많아져 뿌리에 문제를 일으킬 수 있으니 주의합니다. 수태와 바크, 펄라이트를 같은 비율로 섞어서 사용해도 좋은 배양토가 됩니다.

비료의 경우 액체비료는 월 2회 정도의 주기로 주며, 6개월에 한 번 고형비료를 흙 위에 얹어줍니다. 기본적으로 안스리움은 다비성 식물이 아니므로, 한 번에 많은 양을 주기보다 지속적이고 규칙적으로 비료를 주는 것이 좋습니다. 대부분의 식물들과 마찬가지로 항상 잘 관찰하고 식물의 상태에 따라 시비하는 것이 가장 좋은 방법이에요.

아치형으로 자라나는 잎

보스톤고사리

학명 / Nephrolepis exaltata 'Bostoniensis'

원산지 / 대만, 열대 아시아

키우기 난이도 / 🌿🌿🌿

반려동물 / 안전

실내 관엽식물로 인기가 좋은 보스톤고사리는 집이나 카페, 사무실 등에서 행잉플랜트로 많이 이용됩니다. 독특한 잎 모양과 눈 깜짝할 새 화분을 꽉 채울 정도의 빠른 성장 속도, 풍성한 수형으로 플랜테리어에 많이 활용되는 관엽식물이에요. 열대우림이 고향이며, 공기 정화 능력도 뛰어난 식물입니다.

빛이 적은 게 좋아요

보스톤고사리는 반음지 식물이에요. 그래서 햇빛이 많지 않은 실내에서도 충분히 잘 자랄 수 있습니다. 너무 강한 직사광선을 쐬면 잎의 색깔이 검게 변하며 죽을 수 있으니 반그늘이나 햇빛이 은은히 비치는 장소에서 기르는 것이 좋아요. 직사광선이 직접 들어오는 곳을 피하여 북쪽을 향한 창문이나 남쪽을 향한 창문의 옆으로 둡니다.

무게를 기억하세요

물주기는 실내에서 키우는 다른 식물들과 마찬가지입니다. 날씨, 온도, 습도, 계절 등 환경과 조건에 따라서 주기와 양이 매번 달라지지요. 보스톤고사리는 순식간에 화분을 뒤덮을 만큼 성장속도가 빠르므로, 겉흙의 물마름을 확인하기 쉽지 않습니다. 그래서 되도록 물을 흠뻑 준 상태와 물이 많이 말랐을 때의 무게를 익혀 물마름을 확인하시는 것이 좋아요.

15~25℃

보스톤고사리는 열대식물이므로 온도를 대략 15~25℃ 사이로 유지하는 것이 좋습니다. 겨울철에도 되도록 13℃ 이상의 따뜻한 곳에서 자라도록 해주세요.

파밍순의 관리팁

① 번식

크고 있는 화분이 작게 느껴질 정도로 보스톤고사리가 성장했다면 분갈이를 하면서 포기나누기로 개체 수를 늘릴 수 있습니다. 먼저, 포기를 나눌 부분을 정한 후, 뿌리가 다치지 않도록 풀어주면서 나눕니다. 최대한 뿌리가 다치지 않도록 하고, 풀리지 않는 곳만 자릅니다. 이후 나눠진 포기를 화분에 심으면 됩니다.

② 흙과 비료

보스톤 고사리는 유기질이 풍부한 화분용 배합토에서 잘 자랍니다. 뿌리가 가늘어 과습으로 인한 피해를 쉽게 받을 수 있으니 배수와 통기가 잘 되는 흙을 사용하세요.

아프리카에서 온 공기 정화 식물

산세베리아

학명 / Sansevieria app.

원산지 / 아프리카, 마다가스카르

키우기 난이도 /

반려동물 / 주의

산세베리아는 약 70여 개의 종류를 가진 '산세베리아속'의 식물로, 공기 정화에 탁월합니다. 아프리카와 마다가스카르의 건조한 날씨에도 생존할 만큼, 잎 속에 수분을 많이 보관할 수 있는 식물입니다. 계절과 환경을 크게 타지 않아 키우기 어렵지는 않지만, 온도가 자주 바뀌는 곳보다는 1년 내내 일정한 곳에서 키우는 것이 좋습니다.

©feey

해가 드는 곳이 좋아요

햇빛이 풍부하지 않은 곳에서도 어느 정도 자라지만, 자연광이 너무 부족할 경우 잎이 가늘게 웃자라는 현상이 발생할 수 있습니다. 밝은 창가에 두고 기르세요.

수분 저장 능력이 좋아요

더운 지방에서 살아남기 위해 잎 안에 수분을 저장하는 능력이 탁월한 식물입니다. 겉흙의 마름 정도를 수시로 확인하여 물을 주되, 너무 자주 주게 되면 과습 피해를 받을 수 있기 때문에 주의가 필요합니다.

20~24°C

최저 생육 온도는 5~10°C 사이지만, 더운 곳의 식물이기 때문에 추운 곳을 그렇게 좋아하지 않습니다. 장시간 추운 곳에 두지 마세요.

파밍순의 관리팁

① 스투키와 친구 사이

앞에서 만난 스투키를 기억하시나요? 스투키 또한 산세베리아속의 한 식물로, 원뿔형의 길게 뻗는 잎이 예뻐 인기가 많아요. 스투키와 산세베리아 모두 과습에 취약하므로, 흙의 마름 정도를 잘 확인하여 물을 주는 것이 좋습니다.

② 꽃 피우기

오래 키운 산세베리아에서는 꽃도 관찰할 수 있습니다. 3월 즈음에 꽃봉오리가 올라오면, 평소보다 더 햇빛을 많이 보여주세요. 꽃은 낮에 오므리고 있다가 밤에 피어납니다.

붉게 변하는 잎과 열매

남천

학명 / Nandina domestica.

원산지 / 동아시아

키우기 난이도 /

반려동물 / 주의

남천은 동아시아가 원산지인 식물로, 붉게 변하는 잎과 열매가 특징입니다. 한국의 밖에서 월동이 가능할 정도로 추위에 강한 식물이기 때문에 야외 조경수로도 많이 활용됩니다. 겨울 월동 중에는 잎이 떨어지면서 추위에 대비하고, 봄이 되면서 새 잎이 돋아납니다. 여름에서 가을로 넘어갈 때는 초록색 잎이 붉게 변하며 열매가 열립니다. 계절별로 다양한 매력이 있어 실내에서 키우기도 좋습니다.

햇빛을 좋아해요

햇빛을 굉장히 좋아하는 식물입니다. 아예 바깥에서 키우거나 창가와 가까운 실내 공간에서 키우는 것이 좋습니다.

겉흙이 말랐을 때

겉흙(화분의 약 10~20%)이 말랐을 때쯤 물을 주면 적당합니다. 흙이 너무 건조해지면 잎이 한번에 많이 떨어질 수 있어요. 날씨가 추워지는 겨울에는 물 주기 빈도를 조금 더 늦춥니다.

16~24°C

적정 생육 온도는 16~24°C 사이입니다. 영하 5도까지도 버틸 수 있는 추위에도 강한 식물로 날씨가 따뜻한 지역이라면 바깥에서 월동할 수 있습니다.

파밍순의 관리팁

① 흙 관리

남천은 흙에 수분이 너무 많으면 과습 피해를 입기 쉬우므로, 배수가 잘되는 흙을 사용하거나 배수 바닥재를 활용하면 좋습니다.

② 가지치기

가을에는 열매를 맺을 준비를 하느라 성장 속도가 점점 느려지는 경향이 있습니다. 늦은 봄 즈음에 가지치기를 해주면 성장에 도움이 됩니다. 가지 중에 너무 가늘고 길게 자란 가지들 또는 밑쪽에 성장이 너무 더딘 가지들을 제거해줍니다.

③ 잎이 떨어지는 현상

잎이 한번에 너무 많이 떨어지면 빛, 과습, 흙의 건조 등 원인이 될 만한 요소들을 종합적으로 살펴봐야 합니다. 최근 남천을 새로운 환경에 옮겼다면 다시 천천히 적응할 수 있도록 합니다.

preview
반려동물과 반려식물이 공존하는 방법

귀여운 반려동물과 함께 살고 계신가요? 호기심 많은 반려동물들은 집 안의 식물들을 씹고 뜯고 맛볼 가능성이 높습니다. 그렇기 때문에 강아지와 고양이 등의 반려동물을 키우는 집사 분들은 가능하면 동물들에게 독성이 없는 식물들을 키우는 편이 좋겠지요. 미국동물학대방지협회(ASPCA)에서는 동물들이 섭취하거나 접촉했을 때에 해로울 수 있는 식물들의 리스트를 계속해서 연구하고 업데이트하고 있어요. 이 단체의 사이트에서 식물을 검색해 본 후 구입을 결정하는 것이 좋습니다.

하지만, 아무리 안전한 식물이더라도 반려동물이 직접 섭취하거나 지나치게 많은 양을 먹을 경우 이상 반응이 일어날 수 있는 가능성은 존재합니다. 어떤 식물이라도 동물들과 함께 키울 때는 항상 예의주시하거나 닿을 수 없는 곳에 두는 것이 좋아요!

이 챕터에서 만나볼 식물을 포함해 반려동물에게 안전한 식물은 다음과 같습니다.

1. **소형 식물**
   레몬밤, 딜, 로즈마리, 마오리소포라, 필레아 페페, 코브라아비스

2. **중대형 식물**
   아레카야자, 겐차야자, 대나무야자, 올리브나무, 파키라, 동백나무

3. **덩굴 식물**
   박쥐란, 보스톤고사리, 틸란드시아

Chapter 03

반려동물과 키워도
괜찮은 식물

귀여운 동전 모양의 잎

필레아 페페

학명 / Pilea Peperomioides

원산지 / 중국 남서부

키우기 난이도 /

반려동물 위험도 / 안전

필레아 페페의 정식 명칭은 필레아 페페로미오이데스(Pilea Peperomioides)로, 보통 줄여서 필레아 페페라고 부릅니다. 중국의 남서부 지방인 윈난성(운남성)이 고향이고 중국돈나무(Chinese money plant)라는 이름도 있습니다. 국내에서는 필레아, 필레아 페페, 동전풀이라는 명칭으로 많이 불립니다. 동글동글한 동전 모양의 잎을 가지고 있어서 중국에서는 재물운을 불러오는 식물로 인기가 많습니다.

다육식물에 속하지만 물을 좋아해서 수경재배로도 키울 수 있으며, 유해물질을 제거하는 능력이 탁월합니다.

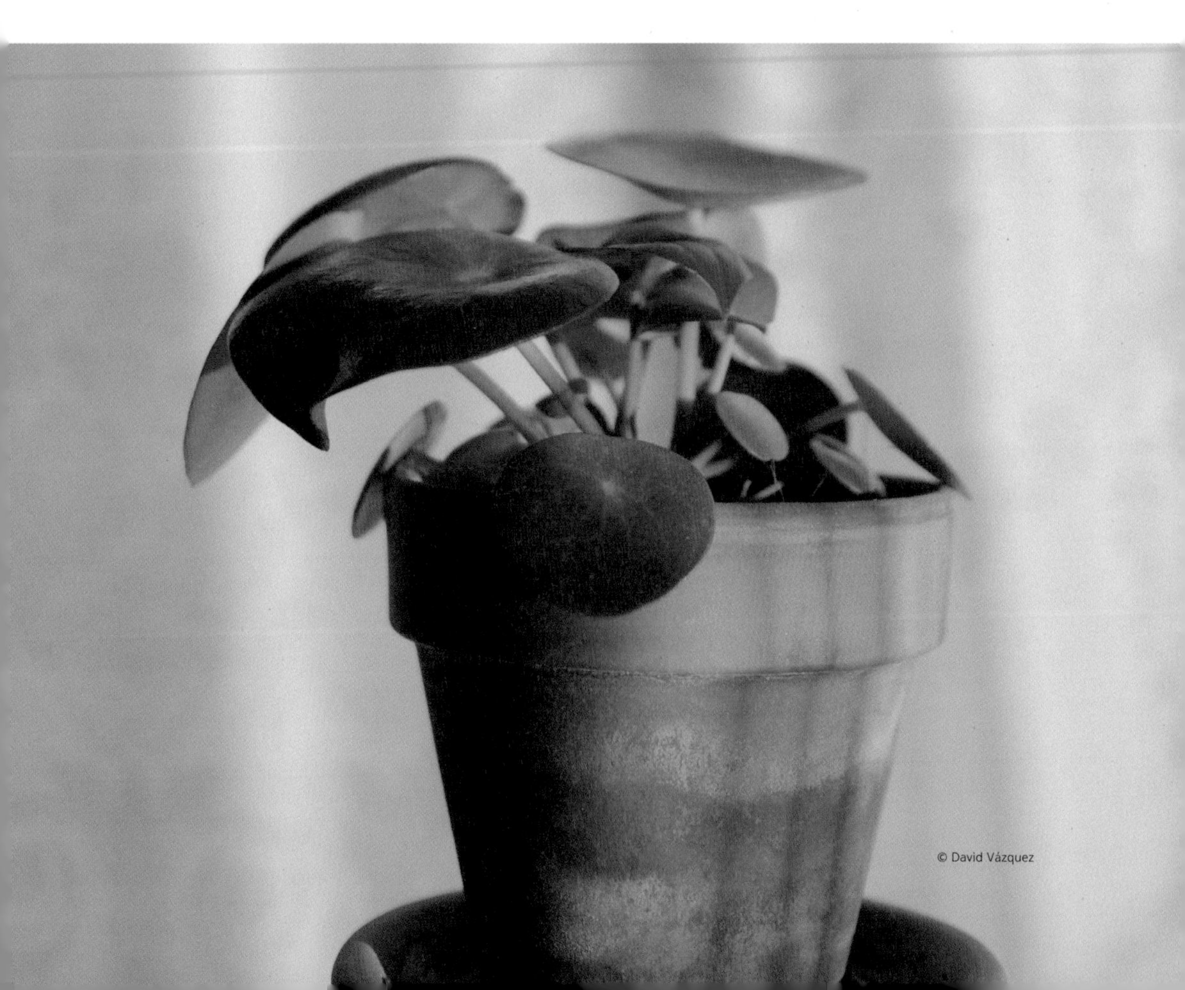

© David Vázquez

햇빛을 좋아해요

필레아 페페는 햇빛을 좋아하고, 잘 받아야 건강하게 자랄 수 있습니다. 다만 너무 강한 빛을 직접적으로 받으면 잎이 타버릴 수 있으니 반양지에 두세요. 실내에서는 남향쪽 베란다, 거실의 창가와 같이 빛이 한 번 걸러져 들어오는 밝은 곳이 적당합니다. 빛을 너무 한 방향으로만 받으면 수형이 망가질 수 있으니 주기적으로 화분을 돌려주세요.

흙의 마름 확인하기

기본적으로 흙이 말랐을 때 흠뻑 주면 됩니다. 2~3㎝ 속의 흙이 말랐을 경우나 화분의 무게가 확연히 가벼워졌을 때 주세요. 그리고 한 가지 더! 필레아 페페의 잎들이 아래로 처진 건 보통 물이 부족해서 나타나는 현상입니다. 힘없이 잎이 아래로 처져 있다면 물을 듬뿍 주세요.

13~30°C

필레아 페페는 온난한 기후를 좋아하는 식물이며, 추위에 약합니다. 13~30°C 사이에서는 크게 온도 걱정 없이 기를 수 있지만 추운 겨울에는 10°C 아래로 내려가지 않도록 신경 써주세요. 그리고 베란다와 같이 비교적 온도 변화가 큰 장소에서 기른다면 더 주의해야 합니다. 그리고 에어컨이나 난방기의 열을 직접 맞지 않도록 해주세요.

파밍순의 관리팁

① 흙

필레아 페페는 물이 잘 빠지는 일반적인 화분용 흙에서 기르면 충분합니다. 쉽게 구할 수 있는 원예용 상토에만 식재해도 잘 자랄 만큼 필레아 페페의 생명력은 강하거든요. 그래도 만일 환경이 통풍이 잘 되지 않는 곳이라면 마사토, 펄라이트나 질석 등을 전체 흙 양의 1/5 정도로 혼합해서 사용하면 좋습니다.

② 번식

필레아 페페는 생명력이 강합니다. 원줄기 외에 정리한 가지들을 이용해 삽목을 해도 뿌리가 잘 나옵니다. 삽목을 할 때는 최대한 물빠짐과 통기성이 좋은 흙을 이용하시는 것이 좋아요. 예를 들면 수태나 질석, 마사토 등과 같은 소재입니다. 분리한 줄기를 물에 꽂아 뿌리가 나오면 흙에 옮겨 심는 것도 가능합니다.

지중해 연안의 대표 식물

올리브나무

학명 / *Olea europaea*

원산지 / 이탈리아, 지중해 연안

키우기 난이도 /

반려동물 위험도 / 안전

올리브나무는 관리가 어렵지 않고 적응력이 좋은 식물입니다. 또 다양한 수형의 연출이 가능하기 때문에 식물을 처음 키우는 분들이 많이 선택하는 식물입니다. 햇빛만 충분하다면 우리나라 대부분의 기후에서 어려움 없이 자랍니다.

올리브나무의 주요 품종

1. 아르베퀴나: 스페인에서 주로 자라는 품종으로, 국내에서 가장 많이 보이는 올리브나무예요.
2. 미션: 캘리포니아에서 주로 자라는 미션 올리브는 추위에 조금 더 강한 편이에요.
3. 칼라마타: 식용으로 많이 활용되는 칼라마타 올리브는 보통의 올리브 종류보다 2배 이상 크게 자라요.

햇빛과 바람이 중요

올리브나무는 햇빛이 잘 들고 바람이 잘 통하는 곳에서 키우세요. 빛이 부족한 곳에서는 잎의 크기가 지나치게 커질 수도 있습니다. 다만, 직사광선을 너무 많이 받게 되면 잎이 탈 수도 있으니 주의합니다.

건조에 강해요

건조에 강한 식물로, 물을 너무 자주 주지 않아도 괜찮아요. 봄부터 가을까지는 겉흙이 말랐을 때 물을 주고, 겨울에는 좀 더 깊은 곳의 흙이 말랐을 때 주세요. 물을 너무 자주 주면 노란색, 검은색으로 잎이 변하거나 과습 현상이 나타날 수도 있으니 주의합니다.

18~23˚C

올리브나무의 최저 한계 온도는 영하 15˚C이지만, 가장 잘 자랄 수 있는 온도는 18~23˚C입니다. 햇빛이 풍부하지 않고 따뜻하지도 않은 지역에서는 냉해를 입을 수도 있으니 주의해주세요.

파밍순의 관리팁

① 열매

실내에서 기를 경우 열매를 보기가 어려운데, 올리브나무의 꽃을 수정하기가 굉장히 까다롭기 때문입니다. 스스로 열매를 맺는 품종이 아니라면 바깥에 두어 자연의 힘으로 수정이 될 수 있도록 해주세요.

② 햇빛, 또 햇빛

햇빛이 부족한 환경에서 올리브나무를 키울 경우, 잎이 우수수 떨어질 수 있습니다. 충분한 햇빛을 항상 확보해주세요.

거꾸로 매달린 박쥐의 모습

박쥐란

학명 / Platycerium bifurcatum

원산지 / 동남아시아, 호주

키우기 난이도 /

반려동물 위험도 / 안전

박쥐란은 일반적인 식물처럼 땅속에 뿌리를 내리고 자라는 것이 아닌, 바위나 나무 등에 붙어서 자라는 착생식물의 일종입니다. 박쥐란은 실내공간의 초미세먼지를 제거하는 공기 정화 능력이 탁월한 것으로 밝혀졌으며, 반려동물들에게도 안전한 식물입니다.

잎의 모양이 거꾸로 매달린 박쥐의 모습을 닮았다고 해서 박쥐란이라는 이름을 얻게 된 이 식물은, 해외에서는 사슴의 뿔을 닮았다고 해서 '사슴뿔 고사리'라는 별명으로도 불립니다.

햇빛을 좋아해요

빛이 잘 들고 바람이 많이 들어오는 곳에서 키우면 좋습니다. 다만 직사광선을 너무 많이 받으면 잎이 탈 수 있으니 주의하세요.

촉촉한 게 좋아요

박쥐란이 착생하고 있는 이끼나 바위가 말랐다고 느껴지면 물을 충분히 줍니다. 또한 박쥐란의 잎이 평소보다 처진 것 같을 때도 물을 주면 좋습니다. 또는 공중에 수시로 분무기로 물을 뿌려주어 습도를 관리하는 방법도 있습니다.

15~25˚C

박쥐란의 적정 생육 온도는 15~25˚C 사이입니다. 주로 열대우림에서 자라던 식물이기 때문에, 추위에 약한 편입니다. 겨울철에도 최소 10˚C 이상의 온도를 유지해주세요.

파밍순의 관리팁

① 습도 관리

습도가 높은 환경을 좋아합니다. 계속해서 환경을 확인하며 물을 주거나, 주변에 분무기로 물을 뿌려 주변을 항상 촉촉하게 관리하세요.

② 갈색의 외투엽

박쥐란은 외투엽이라고 부르는 잎과 생식을 담당하는 영양엽(생식엽)으로 이루어져 있습니다. 외투엽은 길쭉한 모습의 영양엽과 달리 둥근 모양으로 뿌리 주변을 에워싸고 있는데, 외투엽이 갈색으로 변하는 것은 자연스러운 현상이니 그냥 두어도 괜찮습니다.

바위 껌딱지

풍란

학명 / Vanda falcata

원산지 / 대한민국, 중국, 일본

키우기 난이도 /

반려동물 위험도 / 안전

풍란은 앞에서 만난 박쥐란과 비슷한데, 우리나라를 비롯한 동아시아 지역에서 자라는 착생식물입니다. 한국 남해의 섬에서는 아직도 야생 풍란들이 발견되며, 바위와 나무에 붙어 자랍니다. 키우기 어렵지 않은 특성 때문에 예전부터 원예 식물로 널리 사랑받아 왔습니다.

직사광선을 피해주세요

원산지에서는 나무줄기나 바위에 붙어서 자라는 식물이기 때문에, 많은 햇빛을 필요로 하진 않습니다. 직사광선을 받는 공간보다는 반그늘의 공간에서 키우면 좋습니다.

공중 습도는 촉촉하게

물을 매우 좋아하는 식물입니다. 풍란이 자라고 있는 바위 또는 나무줄기가 말랐을 경우에 물을 주세요. 겨울철에는 잎에 자연스럽게 주름이 지는데, 이를 물이 부족하다고 판단하여 물을 너무 많이 줘서 과습 피해가 생기기도 하니 주의해야 합니다.

20~25˚C

적정 생육 온도는 20~25˚C입니다. 최저 한계 온도는 5˚C, 최고 한계 온도는 30˚C 입니다.

파밍순의 관리팁

① 습도 관리

습도가 높은 환경을 좋아합니다. 계속해서 환경을 확인하며 물을 주거나, 주변에 분무기로 물을 뿌려 주변을 항상 촉촉하게 관리하세요.

② 꽃

여름에는 순백색의 기다란 꽃을 피우기도 하는데, 향기가 바람을 타고 퍼진다는 데서 이름을 따 왔을 만큼 향이 좋습니다.

겨울에 피는 빨간 꽃

동백나무

학명 / Camellia japonica

원산지 / 동아시아

키우기 난이도 /

반려동물 위험도 / 안전

꽃을 보기 힘든 겨울에 피는 특성 때문에 '동백(冬柏)'이라는 이름이 붙은 동백나무는 아름다운 빨간 꽃을 가지고 있습니다. 새가 꽃가루를 옮겨 수정이 되는 식물로, 동백꽃의 꿀을 가장 좋아하는 새에게 동박새라는 이름이 붙기도 했지요. 겨울부터 봄까지 계속해서 꽃을 피웁니다.

햇빛이 많이 필요해요

햇빛을 굉장히 좋아하는 양지식물입니다. 빛이 충분한 곳에서 관리해야 꽃을 더 활짝 피울 수 있습니다.

겉흙의 마름 확인

흙은 건조하면서도 공중의 습도는 높은 환경을 선호합니다. 겉흙이 말랐을 때 물을 주고, 공중에 계속 분무하면서 공중 습도를 촉촉하게 관리하는 것이 좋습니다. 꽃의 눈이 맺힌 이후에는 흙이 마르지 않고 계속해서 촉촉할 수 있도록 유지하세요.

16~19˚C

26˚C 이상의 더운 온도에서는 꽃이 오래가지 않고 일찍 피었다가 져버리는 특성이 있습니다. 꽃을 오랫동안 보고 싶다면 10˚C 정도의 서늘한 기후에서 관리하는 것이 좋습니다.

파밍순의 관리팁

① 자라면 이사 필요!

크기가 작을 때는 햇빛이 반나절 정도 들어오는 반양지에서 키우다가, 크게 자라면 더욱 많은 햇빛을 받을 수 있는 곳으로 옮겨주세요. 동백나무는 특히 배수가 잘되어야 잘 자라기 때문에, 배수 구멍이 큰 화분을 이용하면 키우기 훨씬 쉬워집니다.

② 꽃 관리

꽃이 한창 피어나는 시기에는 시비하지 않는 것이 좋습니다. 개화 중인 꽃이 영양분의 과다로 갑자기 떨어질 수도 있기 때문입니다.

새 둥지를 닮은 식물

코브라아비스

학명 / Asplenium nidus 'Cobra'
원산지 / 동남아시아, 호주
키우기 난이도 /
반려동물 위험도 / 안전

고사리과 양치식물의 일종인 코브라아비스는 고온 다습한 열대지역에서 주로 자라는 식물입니다. 안쪽에서 퍼져 나오는 잎의 모양이 코브라의 모습을 닮았다고 해서 이런 이름을 갖게 되었습니다. 생육은 다소 느린 편이지만 생명력과 실내 환경 적응력이 뛰어난 식물입니다. 빛의 양에도 민감하지 않고, 실내의 화학 물질을 제거하는 것에도 탁월한 다재다능한 식물입니다.

© 오묘한 도로시

반양지/반음지

실내 조명만으로도 잘 자라는, 빛에 민감하지 않은 식물입니다. 직사광선을 오래 쬐면 잎에 피해가 있을 수 있기 때문에, 햇빛이 한 번 걸러져서 들어오는 반양지 또는 반음지에서 키우는 것이 좋습니다.

촉촉한 게 좋아요

촉촉한 상태를 좋아하는 고사리류 식물이기에 겉흙의 마름을 자주 확인하여 물을 줍니다. 물이 부족하면 잎이 부드러워지고 힘이 없어지니 잎의 상태를 확인하여 물을 주는 것도 좋습니다.

18~25°C

최저 한계 온도는 15°C입니다. 온도가 낮아질수록 성장의 속도가 느려지기 때문에 실내 온도가 너무 낮아지지 않도록 조심합니다. 겨울에는 따뜻한 방 안으로 옮기는 것이 좋습니다.

파밍순의 관리팁

① 잎 관리

꼬불꼬불하게 구부러진 잎의 특성상, 잎 사이사이에 먼지가 많이 끼는 편입니다. 분무기로 잎에 물을 뿌려 잎을 깨끗하게 관리하되, 잎에 물이 고여 있으면 잎이 썩을 수 있으니 주의하세요!

② 비료 주기

코브라아비스의 성장기는 4~9월 사이로, 이때 연하게 희석한 액체비료를 주거나 꽂아두면 좋습니다. 주기는 1~2주에 한 번이 적절합니다.

preview

식물 키우기에는 햇빛이 중요하다는데

우리 집에 들어오는 햇빛이 많지 않아 식물 집사의 길을 망설이고 계신가요? 다행히 식물들 중에는 다소 햇빛이 부족한 환경에서도 잘 자라는 친구들도 많답니다. 각 식물에 맞는 환경만 맞춰 주면 얼마든지 행복하게 기를 수 있어요.

Chapter 04

집에 빛이 부족하다면,
반음지에서도 잘 자라는 식물

실내 적응력이 좋고 멋진 잎의 고무나무

떡갈잎고무나무

학명 / Ficus lyrata

원산지 / 서아프리카

키우기 난이도 /

반려동물 위험도 / 위험

큼직하면서도 진한 잎을 가지고 있는 떡갈잎고무나무는 햇빛이 적은 환경에서도 잘 적응하는 식물 중 하나입니다. 해충 피해도 적은 편이기 때문에, 식물에 신경을 쓸 시간이 많지 않은 사람과도 잘 지냅니다. 멋진 잎 모양 덕분에 플랜테리어에 많이 사용하기도 합니다.

© Lauren Mancke

어두운 곳에서도 잘 자라요

떡갈잎고무나무의 크고 짙은 녹색의 잎은 이 식물이 빛이 없는 환경에서도 적응력이 뛰어나다는 증거나 마찬가지예요. 필요한 빛의 양은 다른 식물에 비해 크게 적지도 많지도 않지만, 커다란 잎으로 빛이 들어오지 않는 실내에서도 잘 자랍니다.

봄~가을은 흙 표면 확인

다른 식물들의 물 주기와 크게 다르지 않습니다. 봄부터 가을까지는 겉흙이 말랐을 때쯤, 겨울에는 흙의 밑 부분까지 말랐을 때 물을 주는 것이 좋습니다.

16~20°C

적정 생육 온도는 16~20˚, 최저 한계 온도는 약 13˚C입니다. 잎이 클수록 공기 정화 효과가 좋아지기 때문에, 잎이 숨을 잘 쉬어 쑥쑥 자라도록 천으로 닦아주면 좋습니다.

파밍순의 관리팁

① 굵은 외목대 선택하기

햇빛이 부족한 환경일수록 굵은 외목대의 떡갈잎고무나무를 선택하는 것이 좋습니다. 줄기가 많을 경우 가뜩이나 부족한 햇빛 또는 양분이 분산되기 때문이지요. 굵은 외목대의 떡갈잎고무나무를 고르고, 봄철에는 가지치기로 수형을 관리해주세요.

② 독성

떡갈잎고무나무에는 어린아이와 반려동물에게 해로운 독성이 있습니다. 식물을 먹거나 만지지 않게 주의하고, 접촉했을 경우 손을 깨끗이 씻도록 해주세요.

레옹의 친구

스노우사파이어

학명 / Aglaonema

원산지 / 중국, 동남아시아

키우기 난이도 /

반려동물 위험도 / 안전

영화 <레옹>의 주인공이 들고 있던 화분을 기억하시나요? 이 화분에 심긴 식물은 스노우사파이어가 속한 아글라오네마속의 한 종류로, 동남아시아가 원산지로 종류가 약 200여 종에 이릅니다. 중국에서는 이 식물이 장수를 기원하는 의미를 가지고 있어 선물로도 자주 주고받는다고 합니다. 스노우사파이어가 원래 사는 곳은 나무 밑의 그늘진 곳으로, 빛이 적은 곳에서도 잘 자라는 특성을 가지고 있습니다.

빛이 적어도 괜찮지만…

햇빛이 부족한 환경에서도 잘 자라지만, 너무 어두운 환경에서는 성장이 다소 정체되고 스노우사파이어의 자랑인 잎의 흰색 무늬가 옅어질 수도 있어요. 반대로 빛이 너무 많은 환경에서는 잎이 누렇게 될 수 있으니 잘 살펴서 환경을 조성합니다.

물을 좋아해요

스노우사파이어는 물을 좋아하는 식물입니다. 흙의 마름 정도를 잘 확인해서 물을 주면 무리없이 잘 자라납니다. 습도가 높은 것도 좋아하기 때문에 공중 분무를 통해 잎도 항상 촉촉하게 관리해주세요.

20~25°C

적정 생육 온도는 20~25°C입니다. 스노우사파이어는 추위에 약하기 때문에 겨울철에도 온도가 10°C 이하로 떨어지지 않도록 관리해주세요. 최저 한계 온도보다 낮은 곳에서 키울 경우 냉해를 입거나 잎의 흰 무늬가 옅어지기도 합니다.

파밍순의 관리팁

① 잎의 흰 무늬가 줄어들면

스노우사파이어의 가장 큰 특징은 눈이 온 듯한 잎의 흰 무늬입니다. 하지만 일교차가 큰 시기에 밖에 오래 두거나 10°C 이하의 공간에 오래 둘 경우 흰 무늬의 발현이 약해질 수 있습니다. 이때는 따뜻한 곳으로 옮기면 다시 흰 무늬가 돌아와요.

② 수경재배

스노우사파이어는 수경재배로도 잘 자라는 식물입니다. 스노우사파이어 뿌리의 흙을 모두 제거한 후 컵에 담아 키울 수 있어요. 어느 정도 자라게 되면 줄기를 둘로 나눠 물꽂이로 새로운 스노우사파이어를 번식시킬 수도 있습니다.

건조함에 강하고 관리가 쉬운 식물

스킨답서스

학명 / Epipremnum aureum
원산지 / 솔로몬군도, 인도네시아
키우기 난이도 /
반려동물 위험도 / 주의

스킨답서스는 공기 정화 능력이 뛰어나고 환경 적응력도 탁월한 식물입니다. 약 40m 길이까지도 자랄 수 있는 덩굴식물이며, 수경 재배도 가능하여 물꽂이 삽목으로도 재배할 수 있습니다. 햇빛이 들지 않는 반음지나 건조한 환경에서도 문제없이 잘 자라서 초보 식물 집사들이 키우기 좋은 식물 중 하나입니다.

©초록상사

 어두운 곳에서도 잘 자라요

빛의 양에 관계없이 대부분의 실내 공간에서도 잘 자랍니다. 실내 어두운 곳, 거실 또는 발코니에서 키우면 좋습니다. 바깥의 직사광선을 오래 받을 경우 잎이 탈 수도 있습니다.

 과습 조심

봄부터 가을에는 겉흙이 말랐을 때 물을 주고, 겨울철에는 빈도를 더 늦춥니다. 물주기 빈도를 자주 확인할 수 없을 때는 아예 수경재배로 키워도 괜찮습니다. 너무 자주 물을 주게 되면 과습 피해를 받을 수도 있으니 주의하세요.

21~25°C

13°C 이상의 실내 공간에서는 무난히 잘 자랍니다. 하지만 15°C 이하의 공간에서 장시간 키울 경우 냉해를 입을 수 있으니 주의하세요.

파밍순의 관리팁

① 잎으로 건강 확인하기

스킨답서스의 잎에 긁힌 자국이 있거나 검은 자국이 있는 경우는 환경에 문제가 있을 가능성이 큽니다. 새 잎이 펴질 때 수분이 부족하면 펴지면서 상처가 생길 수 있으니 수분을 충분히 공급해주세요. 검은 자국이 있는 경우는 반대로 수분이 너무 많은 환경일 수 있습니다. 과습을 주의하세요!

② 수형 잡기

스킨답서스는 가지가 길게 자라는 덩굴식물로, 키우는 방향에 따라 잎의 크기 또한 달라집니다. 아래로 길게 늘어뜨려서 키울 경우에는 잎의 크기가 커지지 않는 반면, 지주대를 타고 위로 자라도록 하면 잎이 훨씬 크게 자라납니다.

preview

우리 집에 맞는 식물 찾기

식물에 대해 조금은 알게 된 당신. 이제 우리 집의 환경과 식물의 상태, 식물에게 지금 필요한 것이 무엇인지 확인할 수 있나요? 그렇다면 이제는 조금 더 까다로운 식물 키우기에 도전해볼 수 있는 시기입니다.

Chapter 05

/

이제 자신이 붙었다면, 난이도 상 식물들

뉴질랜드 원주민의 이름을 딴 나무

마오리소포라

학명 / Sophora Prostrata

원산지 / 호주, 뉴질랜드

키우기 난이도 /

반려동물 위험도 / 주의

소포라는 오세아니아 대륙이 원산지인 식물로, 뉴질랜드 원주민인 마오리 족의 이름을 따 왔습니다. 예쁜 외형 때문에 최근 많은 인기를 끌고 있지만, 관리가 굉장히 까다로운 식물로도 유명합니다. 원산지에서는 2m까지 자라지만, 국내에 유통되는 소포라들은 약 100cm 정도까지만 자라납니다. 줄기는 두께가 얇고 지그재그 모양으로 자라나고, 잎의 모양은 작고 둥급니다.

햇빛을 좋아해요

뉴질랜드의 양지바른 곳에서 자라나는 식물로, 햇빛을 굉장히 좋아하는 식물입니다. 하루 종일 빛이 잘 들고 통풍이 좋은 곳에서 키워야 합니다. 가능하다면 바깥의 햇빛에서 키우는 것이 가장 좋지만, 한여름의 직사광선은 잎을 태울 수 있으니 주의하세요.

과습을 조심하세요

기온이 낮은 겨울철에는 흙의 깊은 곳이 말랐을 때를 기다려 물을 주는 것이 좋습니다. 과습에 예민한 식물로, 흙의 마름 정도를 항상 확인하여 물을 줍니다. 물을 준 후 화분 받침에 고인 물은 바로 버려야 과습 피해를 피할 수 있습니다.

10~25°C

최저 5°C까지도 버틸 수 있는 소포라지만, 바깥의 따뜻한 곳에서 주로 성장했을 경우 너무 낮은 온도에는 적응을 못 하고 쉽게 죽을 수 있습니다. 갑작스러운 환경 변화에 예민하기 때문에 장소를 옮길 경우 천천히 적응시켜주세요.

파밍순의 관리팁

① 분갈이

환경에 예민하기 때문에 다른 식물보다는 주기를 조금 길게 갖는 것이 좋습니다. 화분의 크기보다 식물의 크기가 커졌을 때 원예용 상토에 배수에 좋은 흙을 첨가해서 분갈이를 해주세요.

② 독성

소포라는 알칼로이드 독성을 가지고 있어 어린아이 또는 반려동물이 섭취하지 않도록 주의합니다.

밝은 연두색의 작은 나무

율마

학명 / Cupressus macrocarpa 'Wilma'

원산지 / 북아메리카

키우기 난이도 /

반려동물 위험도 / 주의

율마는 북아메리카에서 주로 자라며, 정원식물로 많이 활용되는 식물입니다. 머리를 맑게 해주는 피톤치드를 많이 배출하고, 좋지 않은 물질 포름알데히드를 제거해주는 효과가 있어 실내식물로 점점 더 인기가 많아지고 있어요. 적절한 시기에 가지치기를 하면 예쁜 모양으로 만들어낼 수 있습니다. 빛과 바람에 예민한 식물이기 때문에 실내에서 키울 경우 세심한 관리가 필요합니다. 빛을 많이 받을수록 잎이 밝은 연두색을 띠고, 빛이 부족하면 조금 더 진한 녹색으로 변합니다.

하루 10시간 이상

율마는 원래 바깥 정원에서 자라는 식물이니만큼, 밝은 빛과 직사광선을 많이 받는 환경에서 더 건강히 자랄 수 있어요. 하루 최소 10시간 이상의 빛을 보여주는 것이 좋고, 그늘에 두기보다는 햇빛을 바로 쬘 수 있게 해주세요.

세심한 물주기

율마는 물주기에 정말 세심한 관리가 필요해요. 또한 직사광선을 많이 쬐기 때문에, 물도 빨리 말라서 쉽게 건조할 수 있어요. 항상 흙이 촉촉하게 유지되는지 세심하게 살펴주세요. 기온이 낮은 겨울에는 흙이 마르는 속도가 더뎌지기 때문에 잘 확인 후 물을 주는 것이 좋아요.

16~20°C

율마가 살 수 있는 최저 온도는 영상 5°C지만, 가장 잘 자랄 수 있는 최적의 온도는 16~20°C 사이예요. 특히 영하로 내려가는 곳에서 키우면 냉해와 잎의 저온 피해가 나타날 수 있어요. 일교차가 큰 시기, 꽃샘추위 시기 등 급격하게 추워지는 시기를 주의하고, 되도록이면 영상 5°C 이상의 공간에서 키웁니다.

파밍순의 관리팁

① 갈변 현상

율마의 잎이 갈색으로 변하는 갈변 현상은 토양의 가뭄이거나 과습, 또는 빛과 통풍의 부족 때문일 수 있어요. 흙마름 상태를 다시 한번 확인한 후에 물을 준 후, 갈변된 잎은 제거합니다.

② 과습을 항상 조심

율마는 물을 아주 좋아하는 친구지만, 그렇다고 너무 많이 줄 경우 해로울 수 있어요. 항상 손가락으로 2~3cm 깊이의 흙을 체크한 후, 충분히 말랐을 때 물을 주세요.

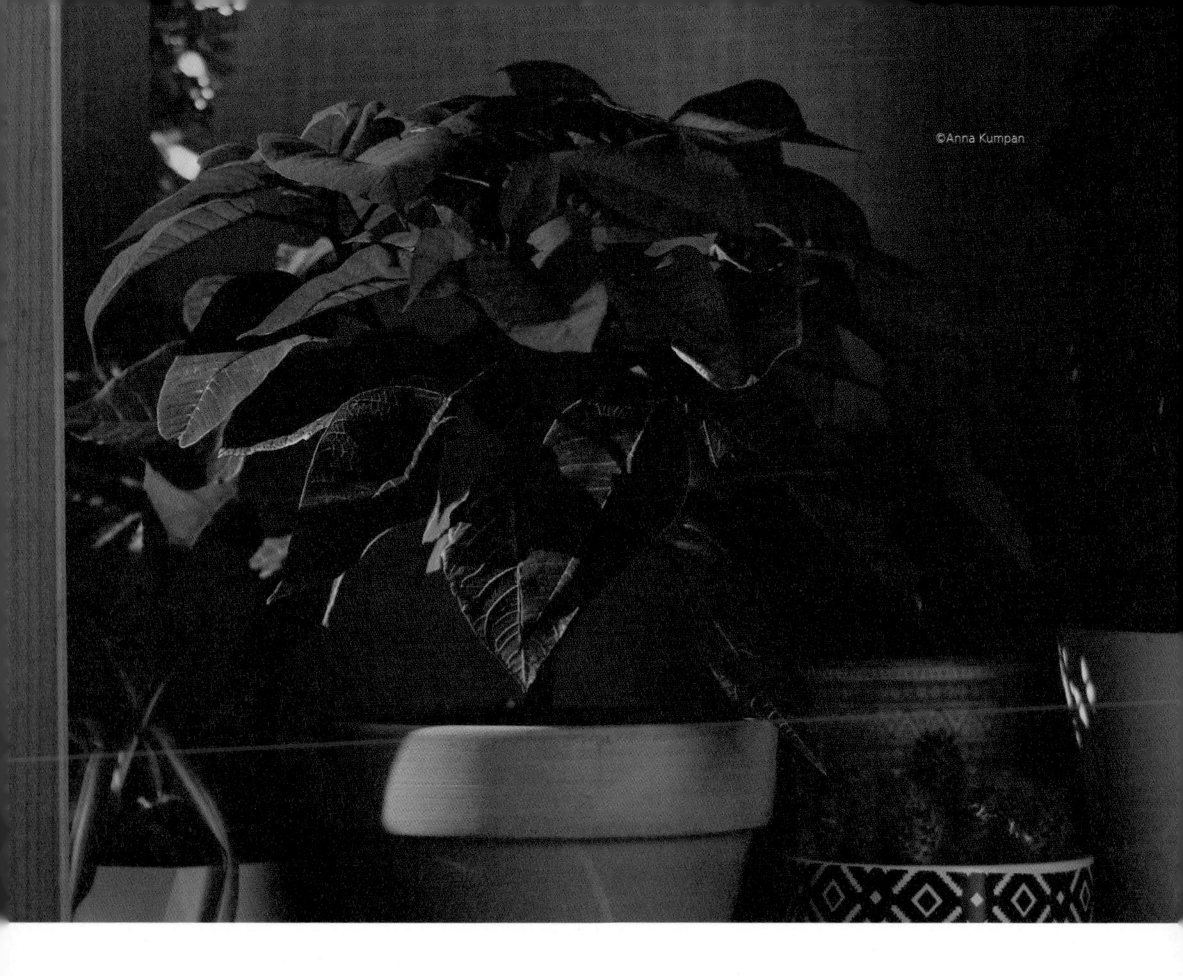

강렬한 빨간색의 크리스마스 플라워

포인세티아

학명 / Euphorbia pwcherrima

원산지 / 멕시코

키우기 난이도 /

반려동물 위험도 / 주의

포인세티아는 대극과 유포프비아속에 속하는 열대 관목으로, 멕시코가 고향인 식물입니다. 해가 짧아지고 온도가 내려가면 포엽이 아름답게 착색되는 매력을 가지고 있어, 전통적으로 크리스마스 시즌에 장식으로 널리 사용되며 우리나라에서도 겨울철 분화로 인기가 좋은 식물이에요.

흔히 꽃이라고 생각하는 붉은색 부분은 꽃이 아니라 잎입니다. 포인세티아의 꽃은 붉은색 포엽 가운데, 노란색으로 작게 피어납니다. 그리고 해가 짧아지면서 붉은색으로 변했던 잎은 해가 길어지기 시작하는 봄에서 여름에 다시 녹색으로 변해요.

햇빛을 좋아해요

포인세티아는 햇빛을 많이 좋아하는 식물이에요. 그리고 포인세티아의 매력인 잎을 보기 위해서는 햇빛을 잘 볼 수 있도록 신경을 써줘야 합니다. 최소한 하루에 5시간 이상의 햇빛을 받을 수 있는 곳에서 기르는 것이 좋습니다. 그리고 포인세티아의 잎에는 곰팡이가 잘 생기는 편이니 통풍에도 꼭 신경을 써야 해요.

물이 많으면 힘들어요

과습에 취약하여 물을 줄 때 항상 신경을 많이 써야 합니다. 흙의 물마름 상태를 자주 확인하여 봄에서 가을까지는 겉흙이 마르면 물을 주고, 겨울에는 화분 흙의 안쪽까지 충분히 물이 말랐을 때 주세요. 또한 물을 줄 때 포인세티아의 잎에 물이 직접 닿지 않도록 합니다. 긴 관이 달린 물조리개를 사용하면 좋아요.

20~26°C

포인세티아는 추위에 매우 약한 식물이에요. 낮에는 24℃, 밤에는 18℃를 유지하고, 가능하면 20~26℃ 사이의 온도를 유지하는 것이 좋아요. 추운 겨울에도 최소한 10℃ 이상을 유지해야 합니다. 가급적 찬 공기를 직접 맞지 않도록 합니다. 찬 공기를 맞으면 잎이 금방 시들어버려요.

파밍순의 관리팁

① 잎 색 발현시키기

포인세티아는 해가 짧아져야 특유의 잎 색이 나타납니다. 그래서 아름답고 매력적인 색의 포인세티아를 보기 위해서는 매년 단일처리를 꼭 해주는 것이 좋습니다.

10월부터는 오후 5시 이후부터 빛을 차단하여 어둡게 합니다. 박스를 씌우거나 옷장, 빛이 들지 않는 지하실 같은 곳에 둡니다. 낮에는 햇볕이 잘 드는 창가에 놓고 규칙적으로 물을 주세요. 이 과정을 11월까지 계속하면 포인세티아의 꽃눈이 보입니다. 그 후에는 햇빛이 잘 드는 밝은 창가에 놓습니다.

② 가지치기

포인세티아는 가지치기를 통해 새로운 싹을 만들고 다음 해에 새로운 꽃을 피우기 위해 가지를 더 늘릴 수 있습니다. 포인세티아는 꽃이 지고 나면 거의 활동을 하지 않습니다. 휴면기에 접어드는 것이지요. 이때 물은 평소보다 주기를 늦춰서 주는 것이 좋아요. 봄에서 초여름 사이 새로운 가지가 나는 것이 보이면 기존의 가지를 쳐내는데, 이때 15~20㎝ 포인세티아의 전체 크기 중 대략 1/3(또는 1/2)정도를 과감하게 잘라줍니다.

상큼한 레몬을 수확해보세요

레몬나무

학명 / Citrus limonia
원산지 / 동남아시아, 히말라야
키우기 난이도 /
반려동물 위험도 / 주의

레몬은 히말라야가 원산지로 현재는 동남아, 이탈리아, 스페인, 미국, 호주 등 전세계적으로 많이 재배되고 있는 식물이에요. 그중에서도 지중해 연안에서 재배하는 것이 가장 품질이 좋다고 합니다. 비교적 시원하고 기후의 변화가 없는 곳에서 잘 자라는 레몬은 높이 3~6m까지 성장하고, 꽃은 5~10월 중에 잎겨드랑이에서 하나씩 또는 몇 개씩 무리지어 피어납니다. 꽃봉오리는 붉은 색이고, 꽃의 안쪽은 흰색, 바깥쪽은 붉은빛이 강한 자주색을 띠는 것이 특징입니다. 레몬나무의 꽃말은 '성실한 사랑'이라고 합니다.

햇빛을 좋아해요

레몬나무는 햇빛을 굉장히 좋아합니다. 실내에서 키울 때는 하루종일 햇빛을 바로 받을 수 있는 거실 창가나 베란다 창가에 두는 것이 좋습니다. 만일 햇빛을 충분히 주지 못하는 환경이라면 식물등으로 8~12시간 정도 빛을 공급하는 것이 좋습니다.

매주 물을 주세요

레몬나무는 매주 물을 주는 것이 좋아요. 충분히 물을 주지 않으면 레몬나무가 만들어내는 염분이 토양에 쌓여 레몬나무의 성장에 나쁜 영향을 미칠 수 있습니다. 되도록 토양을 촉촉하게 유지하되 과습이 되지 않도록 주의하세요. 물을 줄 때는 화분 바깥으로 흘러나올 정도로 충분히 줍니다.

22~30°C

적정 생육 온도는 22~30℃입니다. 평균적으로 낮에는 약 21.2℃, 밤에는 12.8℃ 정도 되는 곳에서 가장 잘 자랍니다. 되도록 따뜻하게 유지하는 것이 좋으며, 겨울철에도 10℃ 이상으로 유지합니다. 온도가 너무 낮아지면 레몬나무는 휴면기에 들어 성장이 멈추게 돼요!

파밍순의 관리팁

① 레몬 씨앗 파종하기

마트에서 파는 레몬을 사서 그 안에 있는 씨앗을 파종해서도 기를 수 있습니다. 많은 레몬나무가 그렇게 자라지요. 다만, 레몬나무는 씨앗을 심어 기를 경우 레몬 열매를 맺기까지 약 7년 정도의 긴 시간이 필요해요. 빠르게 열매를 맺는 것을 원한다면 이미 2~3년 정도 자란 묘목을 추천합니다.

② 줄기와 껍질

레몬나무 줄기에는 가시가 있습니다. 실외에서 키울 때는 상관없지만 실내에서 키우실 때는 제거하는 편이 좋습니다. 또한 레몬 껍질에는 식물성 정유 성분이 포함되어 있어, 반려동물이 섭취했을 때 소화불량을 일으킬 수 있으므로 주의합니다.

화려한 잎 무늬

칼라데아

학명 / Calathea spp.

원산지 / 남아메리카

키우기 난이도 /

반려동물 위험도 / 안전

칼라데아는 열대 아메리카의 습한 정글이 고향인 지피식물로 약 100여종이 자생하고 있어요. 서양에서는 공작초(peacock plants) 또는 방울뱀풀(rattlesnake plants)라고도 불립니다. 잎의 무늬가 화려하고 예뻐서 최근 들어 많은 가드너에게 사랑받고 있습니다. 대표적인 품종으로는 잎이 공작 날개와 같이 자라는 칼라데아 마코야나, 잎이 가장 크고 광택이 있는 칼라데아 제브리나, 잎의 뒷면이 자홍색을 띄는 화려한 품종인 칼라데아 트리칼라가 있습니다.

© 오묘한 도로시

직사광선은 싫어요

적정 광도는 품종에 따라 약간씩 다르지만 대체로 15,000~22,000Lux 정도입니다. 보통 정오의 밝은 태양 아래를 100,000Lux라고 하니 그 빛의 약 22%정도가 적당하다고 할 수 있어요. 실내에서는 밝은 빛이 들어오는 곳의 직사광선을 피해 간접광을 받을 수 있는 곳에서 키웁니다.

흙 상태 자주 확인하기

칼라데아의 경우 건조에 예민하기 때문에 흙 상태를 자주 확인하고 물을 줍니다. 흙 표면에서 2~3㎝ 깊이가 촉촉한 식빵의 수분감 정도를 유지하는 것이 좋습니다.

20~27°C

칼라데아가 잘 자랄 수 있는 온도는 19~30℃이며, 그중에서도 20~27℃가 가장 적당합니다. 칼라데아의 경우 고온 다습한 환경을 좋아하며, 온도가 낮은 상태에서 다습한 상태가 지속되면 잿빛곰팡이병이 발생하기 쉬우니 주의하세요. 겨울철에도 13℃ 이상을 유지해주는 것이 좋아요.

파밍순의 관리팁

① 습도 관리하기

공중 습도는 60% 정도로 유지하는 것이 좋지만, 흙은 오히려 다습한 환경이 좋지 않습니다. 습한 상태가 지속되면 뿌리썩음병이 발생하기 쉬우므로 흙의 습도를 적정하게 유지하는 것이 좋습니다. 칼라데아를 키울 때, 흙이 너무 건조하지 않으면서 과습되지 않도록 하는 것이 칼라데아의 건강을 유지하는 비결입니다.

② 잎의 특성

낮에는 햇빛을 많이 받기 위해 잎을 넓게 펼치고, 밤에는 수분과 온도를 유지하기 위해 잎을 세워서 모아요. 잎에 이상이 있어 처진 것이 아니랍니다.

반짝반짝 윤기 나는 잎

커피나무

학명 / Coffea Spp.
원산지 / 남아프리카, 남아시아
키우기 난이도 /
반려동물 위험도 / 안전

커피는 열대 상록수 관목으로 관리가 잘 되면 일년 내내 반짝반짝 윤기나는 잎을 볼 수 있는 식물입니다. 본래의 기후에서는 1년에 두 번 흰색의 꽃을 피우고, 꽃이 지고 나면 열매가 열립니다. 키는 약 5m 정도까지 자라니 집에서 키울 때는 가지치기를 해야 합니다. 커피나무는 전 세계적으로 약 40여 종이 있지만 일반적으로 재배되는 두 가지 품종은 아라비카와 로부스타입니다.

아라비카(Coffea Arabica) - 잎이 가늘고 길며, 뿌리가 깊게 내림
로부스타(Coffea Canephora) - 잎이 크고 넓적하며, 뿌리가 얕고 병충해에 강함

직사광선은 싫어요

커피나무는 햇빛을 좋아하는 식물이에요. 그렇지만 야외에서는 직사광선이 하루종일 닿는 곳은 피합니다. 아침나절에만 해가 닿는 장소나 아주 약간의 차광이 가능하고 통풍이 잘 되는 장소가 좋습니다. 한여름에는 차광이 조금 더 잘 되는 곳에 놓아 주세요. 실내에서는 햇빛이 잘 드는 베란다나 거실 창가 곁에서 키우시는 것이 좋으며, 따뜻한 계절에는 2~3일에 한 번 정도는 바깥으로 내놓아 햇빛을 충분히 받게 해주는 것이 좋습니다.

봄~가을에는 더 자주

물 주는 주기는 계절마다 다릅니다. 봄, 여름, 가을에는 2~3일 정도에 한 번씩, 겨울에는 좀 더 주기를 길게 잡아 일주일에 한 번 정도 주시는 것이 좋습니다. 물론 이렇게 주기를 딱 정해놓기보다는 화분의 흙 마름을 관찰한 후 적절하게 주는 것이 좋겠지요.

20~25℃

커피나무는 약 20~25℃에서 가장 잘 자라며, 겨울에도 최소한 10℃ 이상을 유지해주어야 합니다. 하지만 약 30℃ 이상의 고온은 싫어하므로 주의해주세요.

파밍순의 관리팁

① 적정 온도

적정 온도를 벗어나면 커피나무는 성장을 멈출 수도 있습니다. 또한 병과 냉해로 피해를 쉽게 입으니 환경 조성에 각별한 주의가 필요해요.

② 씨앗과 꽃

씨앗을 파종해서 기를 경우에는 최소 2~3년, 보통 4~5년 정도는 지나야 꽃이 피고 열매를 맺어요. 커피나무의 꽃은 금방 지는데, 매우 자연스러운 현상이에요. 생각보다 개화 기간이 길지 않습니다.

호주를 대표하는 식물

유칼립투스

학명 / Eucalyptus spp.
원산지 / 호주
키우기 난이도 /
반려동물 위험도 / 주의

코알라가 좋아하는 먹이인 유칼립투스는 호주를 대표하는 식물 중 하나입니다. 전 세계에 약 700여 종이 넘는 종류가 있지만, 코알라의 먹이로 활용되는 유칼립투스 종류는 약 10가지입니다. 과습과 건조함에 매우 취약한 식물로, 키우기가 까다롭고 환경 변화에 굉장히 예민합니다. 실내에서는 햇빛과 습도를 세심하게 관리하면서 키워야 합니다.

햇빛을 좋아합니다

햇빛이 강한 호주의 야외에서 자라는 식물이기 때문에, 많은 양의 빛이 필요합니다. 빛과 바람이 잘 통하는 창가 또는 베란다에서 키우는 것이 적합합니다. 가능하다면 실내보다는 야외에서 키우는 것이 좋아요.

과습을 조심하세요

봄부터 가을까지는 겉흙이 마르기 전에 물을 줍니다. 추운 겨울철에는 빈도를 더 줄이고, 흙이 전체적으로 말랐을 때 줍니다. 유칼립투스는 흙의 건조함과 과습 모두에 예민하게 반응하므로, 수시로 흙 상태를 점검하여 기민하게 대응해야 합니다. 물을 준 뒤에는 과습을 방지하기 위해 받침에 고인 물은 바로 비웁니다.

15~25˚C

15~25˚C에서 가장 잘 자라지만, 영하 10˚C까지도 버틸 수 있습니다. 갑작스러운 온도나 환경 변화를 매우 싫어하고, 일교차가 큰 환경에서는 냉해를 입을 수도 있습니다.

파밍순의 관리팁

① 환경 변화에 예민해요

따뜻한 곳에서 주로 자라던 식물이기 때문에, 추운 곳으로 갑작스럽게 옮기거나 일교차가 큰 환경에서 피해를 입을 수 있습니다. 추운 곳이나 더운 곳으로 갑작스럽게 화분을 이동하지 않도록 주의하세요.

② 분갈이

화분이 식물보다 너무 작을 때면 분갈이가 필요하지만, 뿌리가 예민하기 때문에 주의해야 합니다. 뿌리에 붙어있는 흙은 최대한 그대로 유지하고, 바람과 물이 잘 통하는 원예용 상토를 사용하세요.

여름을 대표하는 꽃

수국

학명 / Hydrangea macrophylla

원산지 / 동아시아

키우기 난이도 / ●●●●○

반려동물 위험도 / 주의

여름을 대표하는 꽃 중 하나로, 가드너뿐 아니라 대중들에게 많은 사랑을 받는 꽃입니다. 수국은 토양의 상태에 따라 다른 색의 꽃을 피우는데 산성 토양에서는 푸른 계열의 꽃, 염기성 토양에서는 빨강 계열의 꽃을 피워냅니다. 실내에서 키울 때에는 물과 환경 관리가 매우 까다로워 세심한 관리가 필요합니다.

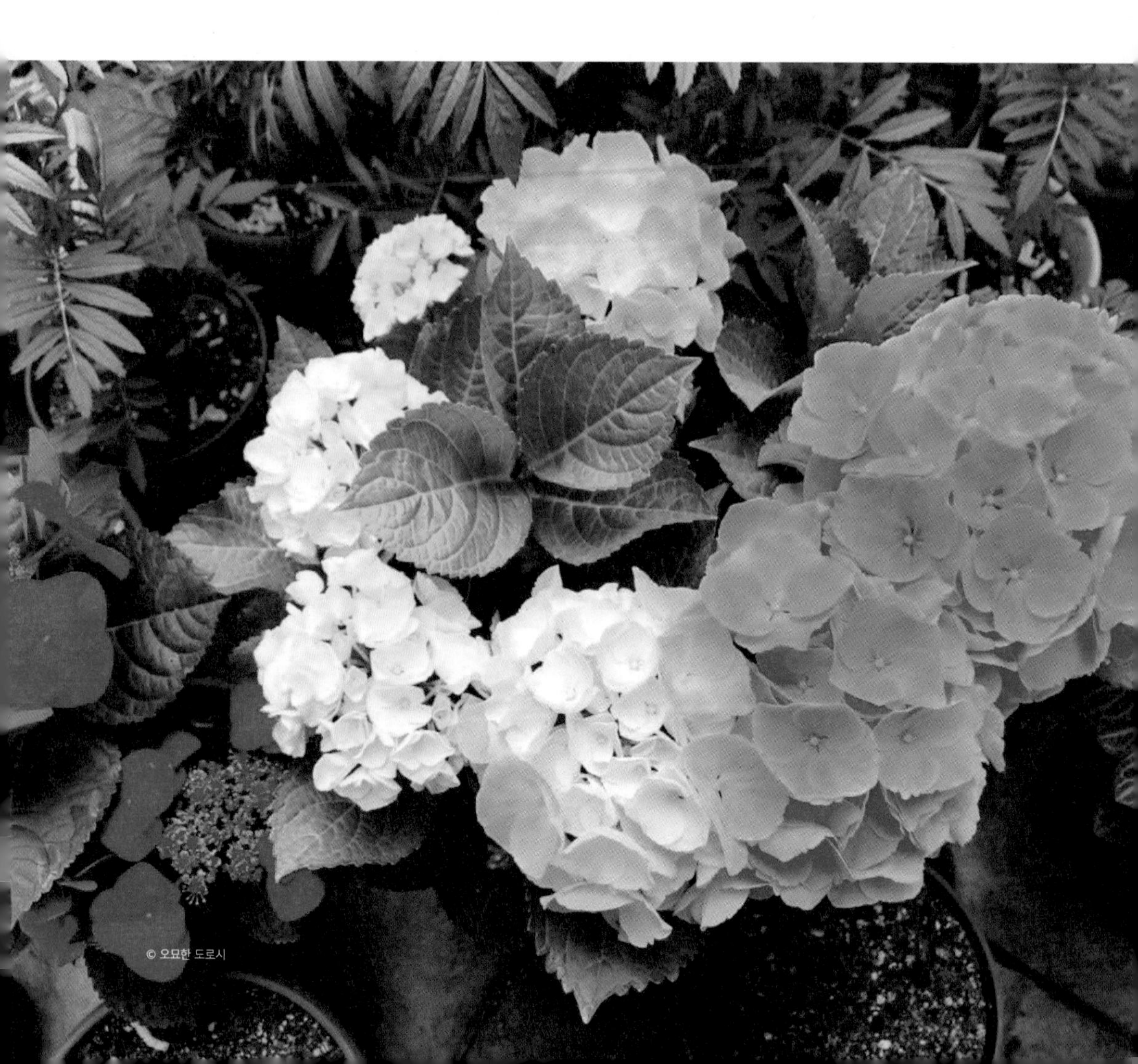

햇빛을 좋아해요

빛을 좋아하는 양지 식물이고, 항상 충분한 양의 햇빛을 확보해야 합니다. 빛을 좋아하지만 여름철 직사광선을 너무 많이 받으면 잎에 문제가 생길 수도 있기 때문에 주의해야 합니다. 급격한 환경 변화에 예민하기 때문에 시간을 두고 천천히 이동합니다.

과습 조심

물을 조절해서 주는 것이 어렵기 때문에, 수국이 심어져 있는 토양의 마름 정도를 잘 확인하고 물을 주어야 합니다. 꽃이 피는 시기에는 겉흙이 어느 정도 촉촉한 상태에서 물을 주고, 꽃이 없는 시기에는 조금 빈도를 늦춰서 줍니다.

18~25˚C

18~25˚C가 적정 생육 온도입니다. 너무 높은 온도에 과하게 노출될 경우, 잎이 시들고 떨어질 수 있습니다.

파밍순의 관리팁

① 내년에도 만나려면

이듬해에도 수국 꽃을 보고 싶다면, 가을부터 초겨울 사이, 바깥에 미리 수국을 내놓아주세요. 저온에 노출된 꽃눈이 다음 해에 새로운 잎과 꽃을 올리기 위해 준비합니다.

② 꽃대 관리

수국 꽃이 진 후 남은 꽃대는 자르는 것이 좋습니다. 불필요한 양분이 꽃으로 가는 것을 줄이고, 그 영양분을 저장하여 이듬해 새롭고 풍성한 꽃을 피우는 데 활용할 수 있기 때문입니다.

Part 3

집에서 기르기

/

허브식물편

preview
허브의 다양한 종류

바질, 고수 등의 허브를 즐겨 드시나요? 허브는 풍미가 있거나 향이 나는 식물을 부르는 말로, 음식의 맛을 내기 위해 조미료로 활용하거나 차로 우려 마시기도 합니다. 대부분의 허브는 햇빛을 좋아하고, 웬만한 환경에서도 잘 자라는 편이라 요즘은 실내에서도 많이들 키우고 있답니다.

허브는 약이나 향료로도 활용할 수 있으며, 약 100가지 이상의 종류가 있습니다. 각 허브는 또다시 수많은 종류가 있을 수 있고, 지금도 계속해서 새로운 종이 발견되고 있습니다.

매력적인 향기와 화려한 색의 허브

라벤더

학명 / Lavandula spp.

원산지 / 지중해 연안, 카나리제도

키우기 난이도 /

반려동물 위험도 / 주의

라벤더는 다년생 상록 관목으로 매력적인 향기와 화려한 색을 가진 식물입니다. 라틴어 'Lavare'(씻다)에서 이름이 유래한 라벤더는 약효가 뛰어나 아로마테라피, 향수, 화장품이나 의약품 등의 소재로 쓰이며, 관상용으로도 인기가 좋습니다.

라벤더는 전 세계에 약 30여 종이 있으며, 그중 우리가 가장 흔히 접하는 대중적인 라벤더는 잉글리쉬 라벤더라고 불리는 'Lavender vera'라는 종입니다. 잉글리쉬 라벤더는 키가 1m까지 자라고 보라색의 꽃과 좋은 향을 가지고 있습니다.

 **햇빛을 아주 좋아해요**

햇빛을 좋아하며, 많이 받아야 건강하게 자랄 수 있습니다. 실내에서 가장 빛이 잘 드는 곳, 남쪽 창가나 베란다의 창가가 적당합니다. 날씨가 좋고 온도가 적당하다면 실외에 화분을 두고 하루에 6시간 이상 빛을 쬐는 것이 좋습니다.

 **과습에 취약해요**

라벤더는 건조한 환경을 좋아하고 과습에 매우 약합니다. 과습 피해를 입으면 잎이 하얗게 말라 떨어집니다. 항상 배수와 통기에 신경 써야 합니다. 물은 흙이 말랐을 때 한번에 듬뿍 주며, 여름 장마철 과습에 특히 주의하여야 합니다.

 **15~25℃**

라벤더의 적정 생육 온도는 15℃에서 25℃ 사이입니다. 서늘한 환경을 좋아해서 추위에 강한 편이지만 고온에는 약한 특징이 있으며, 품종에 따라 우리나라 중부 지방 이하에서 월동이 가능하지만 겨울철에는 0℃ 이상을 유지하도록 신경씁니다.

파밍순의 관리팁

① 가지치기와 번식

가지치기를 할 때는 목질화가 된 가지의 바로 위까지 과감하게 자르세요. 다음 해에 더 풍성한 라벤더를 볼 수 있습니다. 번식은 파종과 삽목으로 가능합니다. 다만, 파종할 경우 시간이 많이 걸리고 꽃을 보기까지 2~3년 정도 기다려야 하므로 꽃을 빨리 보고 싶다면 모종을 심으세요. 삽목은 보통의 꺾꽂이와 같은 방법으로 봄이나 여름에 실시하는 것이 좋습니다.

② 흙과 비료

흙은 물빠짐이 좋은 것으로 선택합니다. 보통의 화분 흙과 함께 마사토, 난석, 질석 등의 배수 자재를 혼합하여 배수와 통기가 잘 되는 흙에서 기릅니다. 또한 중성이나 약 알칼리성 흙에서 잘 자라므로 석회나 달걀 껍질 등을 흙에 넣어주면 좋습니다.

라벤더는 비료가 많이 필요하지 않은 식물입니다. 오히려 과도하게 시비하면 생육이 좋지 않거나 꽃이 잘 피지 않을 수 있습니다. 성장 상태를 잘 살펴 봄과 여름에 액체비료를 희석하여 주며, 꽃을 많이 보려면 인산과 칼리 비료를 시비합니다.

레몬 향이 나는 억새를 닮은 풀

레몬그라스

학명 / Cymbopogon citratus
원산지 / 인도, 스리랑카 등
키우기 난이도 /
반려동물 위험도 / 안전

레몬그라스는 이름에서 알 수 있듯이 레몬 향이 나는 허브로, 억새를 닮은 잎에서 나는 레몬 향의 주성분은 시트랄(citral)로 레몬과 같습니다. 1~1.5m 정도로 자라며 잎이 가늘고 길며 적응력이 좋아 어느 곳에서나 잘 살아남습니다. 향기가 있는 허브의 특성상 병충해에 강한 식물입니다.

레몬그라스의 속명인 Cymbopogon은 그리스어 'cymbe(배, 보트)'와 'pogon(수염)'의 합성어로, 포영(苞穎)이 배처럼 생기고 털이 많은 모습에서 유래되었다고 합니다. 특유의 레몬 향으로 차, 향신료, 약품, 향수 등에 널리 사용되고 있습니다.

햇빛을 좋아해요

레몬그라스는 햇빛을 좋아하며 많이 보아야 잘 자랍니다. 햇빛을 잘 받을 수 있는 양지나 반양지에서 키우는 것이 적당합니다. 특히 아침부터 오후에 햇빛을 많이 받을 수 있는 남향의 창가나 베란다 창가에 두는 것이 좋습니다.

습한 게 좋아요

습한 환경에서 잘 자라며 너무 오래 건조하지 않아야 합니다. 겉흙이 말랐을 때, 손가락 두 마디 정도 깊이에서 물마름을 확인한 후 듬뿍 주며, 겨울에는 물 주는 주기를 더 길게 합니다. 항상 토양을 촉촉하게 유지해주세요.

20~25℃

레몬그라스가 자라기 좋은 온도는 20~25℃ 사이입니다. 열대지방이 고향인 식물 특성상 추위에 약해 겨울철에는 특히 온도 유지에 신경 써야 합니다. 겨울철에는 온도를 15℃로 유지하여 휴면에 들게 한 후 잎을 잘라 휴식을 주는 것도 좋습니다.

파밍순의 관리팁

① 수확과 사용

레몬그라스의 잎이 약 30cm 정도 자라면 잘라서 수확을 할 수 있지만, 3개월 이상 성장한 후에 수확하는 것이 좋습니다. 수확을 할 때는 식물 핵(관, crown) 위로 약 2.5cm 정도 위 부분을 잘라야 계속해서 성장을 할 수 있습니다.

수확한 레몬그라스는 잎 끝부분부터 줄기까지 모든 부분을 이용할 수 있습니다. 보통 차로 마시거나 요리를 할 때 향신료로 사용합니다.

② 흙과 비료, 번식

레몬그라스를 재배하기 좋은 토양은 유기물이 풍부한 흙입니다. 시중에서 흔히 구할 수 있는 지렁이 분변토 등 유기질이 함유된 흙과 모래를 섞어 사용하면 좋습니다. 또한 비료가 많이 필요하지 않으므로 상태를 보아 3개월에 한 번씩 일반적인 원예용 비료를 시비합니다.

번식은 포기나누기로 하는데, 뿌리가 다치지 않게 조심해야 합니다. 화분에 심었을 때는 매년 하는 것이 좋아요.

고양이가 사랑하는 식물

캣닙

학명 / Nepeta cataria

원산지 / 유럽, 서아시아, 북아메리카

키우기 난이도 /

반려동물 위험도 / 안전

캣닙은 개박하, 캣민트 등의 여러 가지 이름으로 불리는 식물로 박하의 일종입니다. 고양이과의 동물들이 좋아하여 캣닙(catnip)이란 이름이 붙었다고 합니다. 산이나 들에서 흔히 볼 수 있으며 해충 피해가 적고, 재배도 어렵지 않습니다.

캣닙은 고양이에게 특이한 증상을 유발하는 식물로 유명합니다. 고양이가 캣닙을 좋아하는 이유는 고양이과 동물을 흥분시키는 '네페탈락톤'이라는 성분 때문으로, 건강에는 무해해요. 이러한 이유로 고양이를 키우는 분들이 일부러 캣닙을 재배하기도 합니다.

햇빛을 좋아해요

캣닙은 햇빛을 좋아하므로 빛이 잘 들고 통풍이 잘 되는 장소에서 키우는 것이 좋습니다. 햇빛이 강한 여름철에는 밝은 간접광이 드는 곳에서 키웁니다.

과습을 싫어해요

겉흙이 마르면 물을 충분히 줍니다. 건조한 환경을 좋아하기 때문에 습해지지 않도록 주의를 기울입니다. 물 주는 시기를 맞추기 어렵다면 잎이 축 처져 있을 때 물을 듬뿍 주면 됩니다. 한여름에는 뜨겁지 않은 아침이나 저녁에 물을 줍니다.

15~25℃

씨앗을 직접 파종할 때는 21~25℃를 유지해주는 것이 좋습니다. 적정 생육 온도는 15~25℃ 정도입니다. 다만, 더위와 과습에 약하기 때문에 여름철에는 지상부를 10~20cm 정도만 남기고 자르는 것이 좋습니다.
추위에 강해 약간의 보온을 해주면 실외에서도 월동이 가능합니다.

파밍순의 관리팁

① 관리법

해가 잘 들고 통풍이 잘 되는 곳에서 키우는 것이 좋습니다. 통풍이 되지 않으면 곰팡이가 생길 수 있습니다. 캣닙이 너무 잘 자라 가지나 잎이 너무 무성하다면 가지치기로 통풍이 잘 될 수 있도록 합니다. 더운 여름에는 더위를 피할 수 있도록 반양지로 옮겨주는 것도 좋습니다. 다만, 햇빛은 하루에 최소 5시간 이상 보여줍니다.

② 흙과 비료

캣닙을 화분에 키울 때는 일반적인 원예용 상토나 허브 전용 상토를 사용하며, 마사토, 질석, 펄라이트 등을 사용하여 배수가 잘 되도록 해줍니다.
캣닙은 영양분이 적은 척박한 땅에서도 잘 자라고, 오히려 비료를 많이 주면 약해지는 경우가 생깁니다. 야외에서 키운다면 따로 비료를 주지 않아도 되며, 화분에서 재배하는 경우에는 봄과 가을에 캣닙의 상태에 따라 완효성 비료나 액체비료를 1~2개월에 한 번 정도 시비합니다.

화려하고 매력적인 꽃

제라늄

학명 / Pelargonium

원산지 / 남아프리카

키우기 난이도 /

반려동물 위험도 / 주의

우리가 제라늄으로 알고 있는 대다수 품종의 정식 명칭은 사실 펠라고늄입니다. 생물학자 린네가 식물을 분류할 때 제라늄과 펠라고늄을 같은 속으로 분류하면서 흔히들 제라늄으로 부르게 되었지요.

종류도 다양한데, 우리가 흔히 접하는 제라늄은 조날계이며 그 외에도 리갈계, 아이비계, 향 제라늄 등 크게 4가지 제라늄으로 나뉩니다. 제라늄은 환경만 잘 갖추어 준다면 일 년 내내 아름다운 꽃을 볼 수 있습니다.

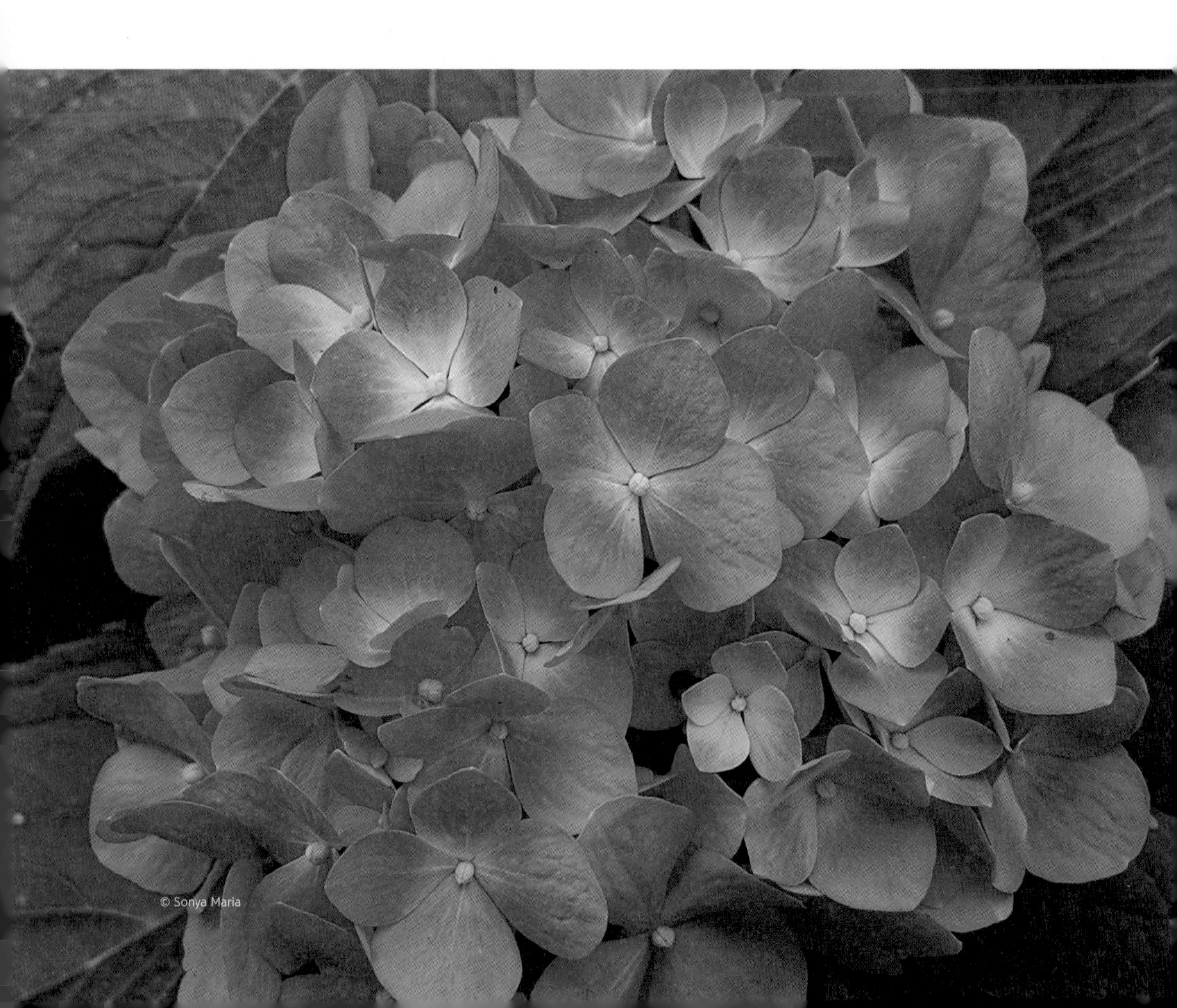

© Sonya Maria

햇빛을 좋아해요

제라늄은 햇빛을 매우 좋아하는 식물입니다. 실내에서 가장 해가 잘 드는 장소가 적합합니다. 하루에 4시간 이상 충분히 빛을 받을 수 있도록 해주세요. 다만, 강한 직사광선을 너무 오래 받으면 잎이 화상을 입을 수 있으므로 주의합니다.

과습에 매우 약해요

과습에 매우 취약하므로 물주기에 특히 많은 주의를 기울여야 합니다. 봄과 가을에는 겉흙이 말랐을 때 충분히 물을 주고, 여름 장마철에는 제라늄의 물 흡수 양이 현저히 적어지므로 상태를 보고 물주는 주기를 조절해야 합니다.

16~25℃

제라늄은 온도가 너무 낮은 곳에서는 생장이 늦어지며, 온도가 너무 높으면 약해지는 특성이 있습니다. 되도록 16~25℃ 사이의 온도를 유지하고, 더운 여름철에는 통풍이나 환기에 신경 씁니다.

파밍순의 관리팁

① 여름철·장마철 관리

제라늄은 고온다습에 주의하여야 합니다. 고온에서 생장 속도가 저하되고 뿌리의 활동이 느려져 물의 흡수가 늦어집니다. 이로 인하여 여름 장마철에 과습 피해가 올 수 있으며 무름병 등 각종 질병에 취약합니다.

화분의 상태에 따라 물 주는 주기를 조절하고, 선풍기 등을 이용하여 통풍과 환기에 신경쓰며 상태가 좋지 않은 잎을 주기적으로 정리합니다.

② 기타 관리

과습에 약한 제라늄은 배수와 통기가 잘 되는 흙을 사용하는 것이 좋습니다. 특별히 비옥하거나 거름기가 많은 흙이 필요한 것은 아니므로, 쉽게 접할 수 있는 원예용 상토에 배수가 잘 되도록 배수 자재를 혼합하여 사용하면 됩니다.

양분이 모자라면 제라늄의 잎이나 줄기의 색이 변하는 등 변화가 생기므로 제라늄의 상태에 따라 원예용 알비료나 액체비료를 사용하면 됩니다.

다양한 쓰임새의 허브

페퍼민트

학명 / Mentha piperita

원산지 / 유럽

키우기 난이도 / ●○○○○

반려동물 위험도 / 주의

향기와 맛, 톱니 모양의 독특한 잎 생김새, 작고 귀여운 꽃으로 유명한 페퍼민트는 워터민트와 스피어민트를 교배하여 만들어진 식물입니다. 페퍼민트는 훌륭한 식재료이고, 방향제와 약초를 만드는 재료 등 여러 가지 쓰임새가 다양한 식물로 인기가 많습니다.

대표적인 허브의 하나이자 뿌리줄기를 가진 여러해살이 식물로, 30~90cm까지 자라며 섬유질이 많은 다육질의 줄기뿌리가 넓게 퍼지는 특성을 가지고 있습니다. 6~8mm정도의 작은 보라색 꽃이 한여름에서 늦여름까지 핍니다.

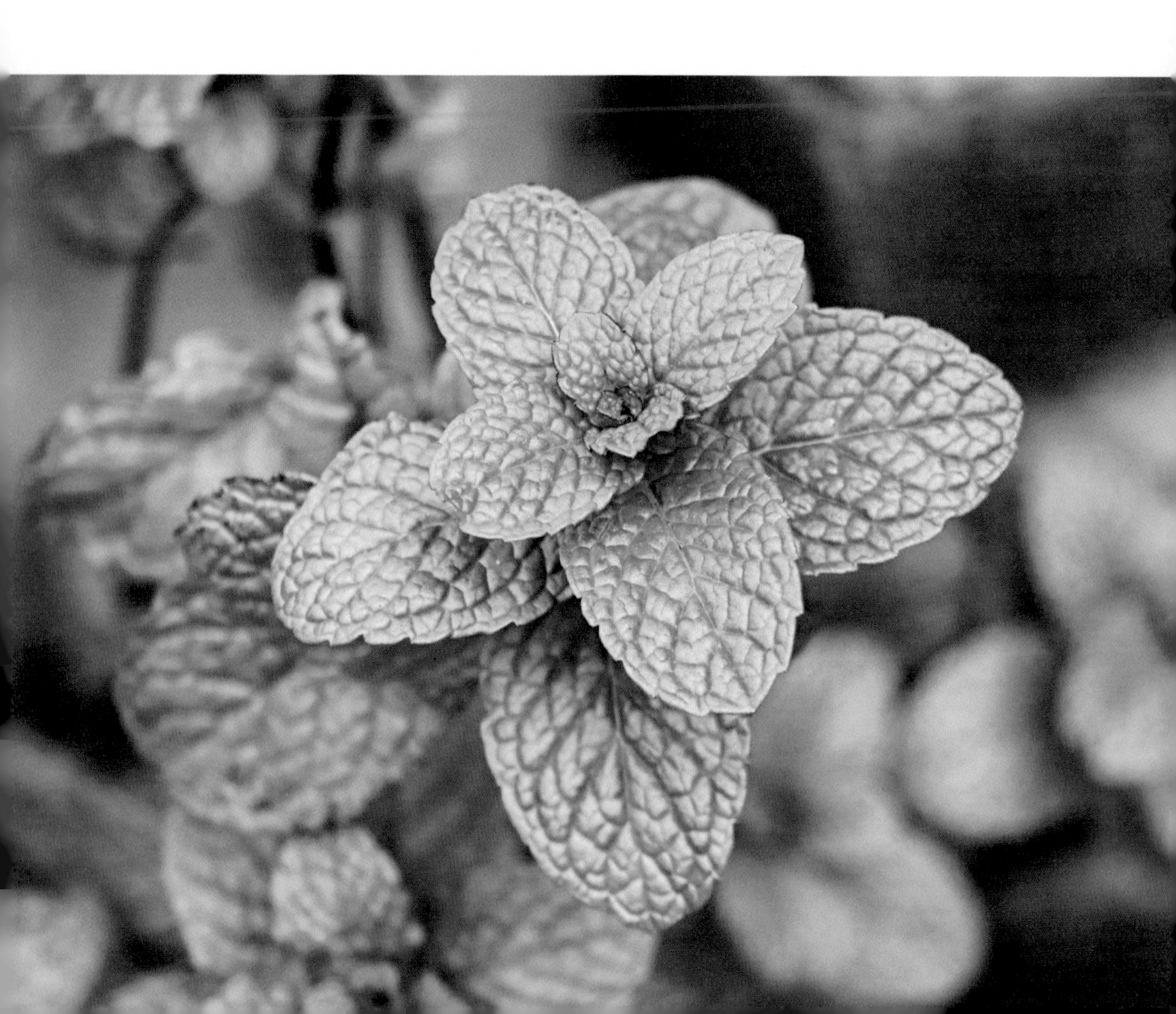

한여름 강한 햇빛은 싫어요

페퍼민트는 반음지성 식물로 빛이 조금 적어도 잘 자랍니다. 하지만 빛을 많이 보여주면 더 튼튼하게 키울 수 있으니, 최소 2~3시간의 빛을 보여줍니다. 한여름의 강한 햇빛은 피하고, 통풍이 좋다면 반양지에서 기르는 것이 좋습니다.

촉촉하게 유지해주세요

물을 줄 때는 겉흙이 마른 것을 확인하고 듬뿍 줍니다. 허브의 특성상 속흙까지 완전히 마르는 것은 좋지 않습니다. 약간 습한 토양을 좋아하지만 과습하지 않도록 주의하여야 하며, 잎이 약간 처졌을 때 물을 주는 것이 좋습니다.

15~25℃

페퍼민트의 적정 생육 온도는 15~25℃입니다. 추위에 강한 편이어서 우리나라의 남부지방에서는 실외 월동이 가능합니다. 다만, 고온과 건조함에 약한 편이므로 한여름에는 더위를 피할 수 있는 곳으로 자리를 옮기는 것이 좋습니다.

파밍순의 관리팁

① 기타 관리

페퍼민트는 번식력이 강하여 뿌리가 매우 빨리 자라는 식물입니다. 조금 넓은 화분을 이용하는 것이 좋으며, 분갈이를 하지 않더라도 뿌리를 자르고 흙도 갈고, 가지치기도 해주면 수확에 도움이 됩니다. 특히 이른 여름에는 성장 속도가 매우 빠르니 자주 살펴보세요.

② 수확 및 차 만들기

페퍼민트는 아주 잘 자라므로 정기적으로 수확해야 하는데, 줄기 길이의 2/3 이하로 자르거나 필요한 부분만 수확합니다. 꽃이 피기 전에 수확한 것이 민트 향이 가장 좋습니다.

잎을 2~3번 정도 씻은 후 잘 말리고, 물기가 마른 잎을 프라이팬에 볶습니다. 오래 볶을수록 부드러워집니다. 볶은 잎을 뜨거운 물에 우려 마시면 됩니다.

향기의 여왕

자스민

학명 / Jasminum

원산지 / 히말라야

키우기 난이도 / 🌿🌿

반려동물 위험도 / 안전

자스민의 속명인 Jasminum은 '신의 선물'이라는 의미를 가진 페르시아어에서 기원했다고 합니다. 상록성 관목으로 열대와 아열대에 약 200여 종의 많은 품종이 분포하고 있으며, 흰색의 꽃을 피우고 향기가 좋아 향료를 위해 많이 재배되는 식물입니다.

우리가 쉽게 접하는 자스민에는 아라비안 자스민, 학자스민, 브룬펠지어자스민, 커먼자스민, 영춘화 등이 있습니다. 이 중에서도 말리화(茉莉花)로 불리는 아라비안 자스민(Jasminum sambac)은 차의 재료로, 커먼자스민(J. officinale)이나 학자스민(J. polyanthum)은 향수나 에센셜 오일 등을 만들기 위한 향료를 추출하는 주요 재료로 사용됩니다.

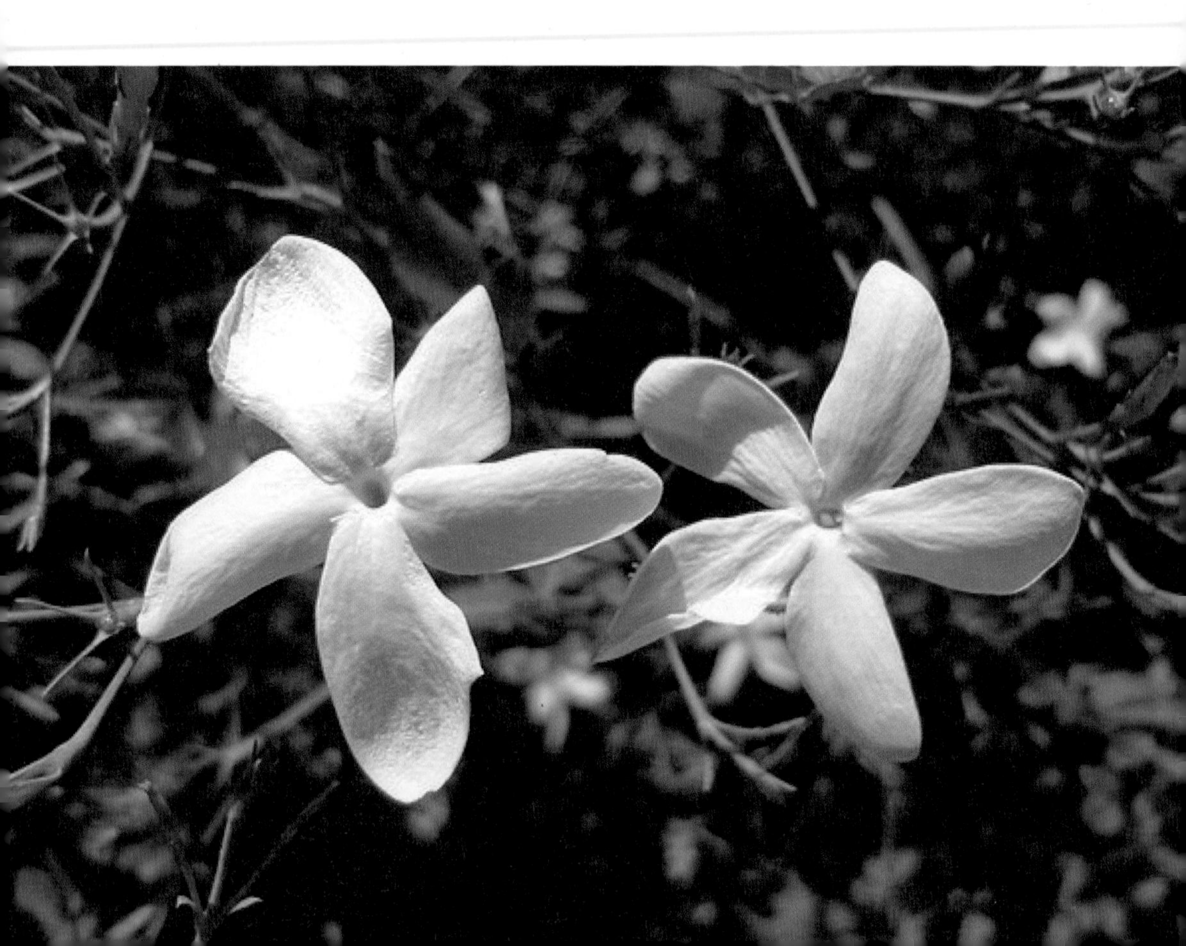

부드러운 햇빛을 보여주세요

자스민은 햇빛을 좋아합니다. 직사 광선을 바로 받는 것보다 창문 등을 한 번 거친 부드러운 햇빛이 좋습니다. 햇빛이 부족하면 꽃이 피지 않을 수 있으니 밝은 곳에서 키우는 것이 좋습니다.

흙은 완전히 마르지 않도록

기본적으로 환경과 식물의 상태에 따라 물을 주는 주기는 달라집니다. 성장이 빠른 봄부터 가을까지는 1주일에 1~2회 정도 물을 줍니다. 겨울에는 성장이 느려지므로 주기를 늦춥니다. 흙이 너무 건조하지 않게, 그렇지만 과습하지 않도록 주의합니다.

12~25℃

춥지도 덥지도 않은 포근한 온도에서 잘 자랍니다. 따뜻한 환경에서 생육이 좋으며, 온도가 낮아지면 성장 속도가 느려질 수 있습니다. 어느 정도의 내한성을 가지고 있지만 5℃ 이하의 온도에서는 피해를 입을 수 있으니 겨울철에는 실내에서 키우는 것이 좋습니다.

파밍순의 관리팁

① 분갈이와 기타 관리

자스민 분갈이는 추운 겨울이 오기 전 가을에 하는 것이 좋습니다. 다만, 가을이 아니더라도 화분에 비해서 식물이 지나치게 크거나 뿌리가 화분 밑으로 빠져나오는 경우, 또는 분갈이를 한 지 오래되어 흙이 단단하게 굳거나 물마름이 빠른 경우에는 분갈이를 합니다.

가지치기는 꽃이 진 후에 하고, 뿌리를 잘 내리므로 삽목이나 휘묻이 등의 방법으로 번식시키면 개체수를 쉽게 늘릴 수 있습니다.

② 흙과 비료

자스민이 잘 자라기 위해서는 배수가 잘 되는 흙이 필요합니다. 일반적인 원예용 상토를 기본으로 입자가 큰 마사토나 펄라이트, 녹소토 등의 배수 자재를 혼합하여 배수력이 좋은 흙을 만듭니다.

비료를 많이 필요로 하지는 않지만, 성장 속도가 빠른 시기에는 한 달에 한 번 정도 일반적인 관엽식물용 알비료나 액체비료를 줍니다. 광합성 효율을 좋게 하는 칼륨 비료를 함께 주는 것도 좋습니다.

나비와 벌이 사랑하는 허브

베르가못

학명 / Monarda didyma

원산지 / 동북아메리카

키우기 난이도 /

반려동물 위험도 / 안전

베르가못의 영명은 Monarda이며 이 이름은 스페인의 식물학자 Nicholas Monardes에서 유래되었다고 합니다. 흔히 부르는 베르가못이란 이름은 이탈리아가 원산인 'bergamot orange'와 향이 비슷하여 붙은 것입니다. 북아메리카가 원산지이며 꿀벌, 나비, 벌새 등이 매우 좋아하여 'bee balm'이라고도 불립니다. 꽃의 색은 빨간색, 분홍색, 자주색 등 다양합니다.

베르가못은 다년생이고 추위에 강하며 튼튼하여 키우기 어렵지 않은 허브입니다. 생잎을 따서 차로 마시거나 샐러드로 먹을 수 있으며, 입욕제나 포푸리와 같은 방향제로도 사용합니다.

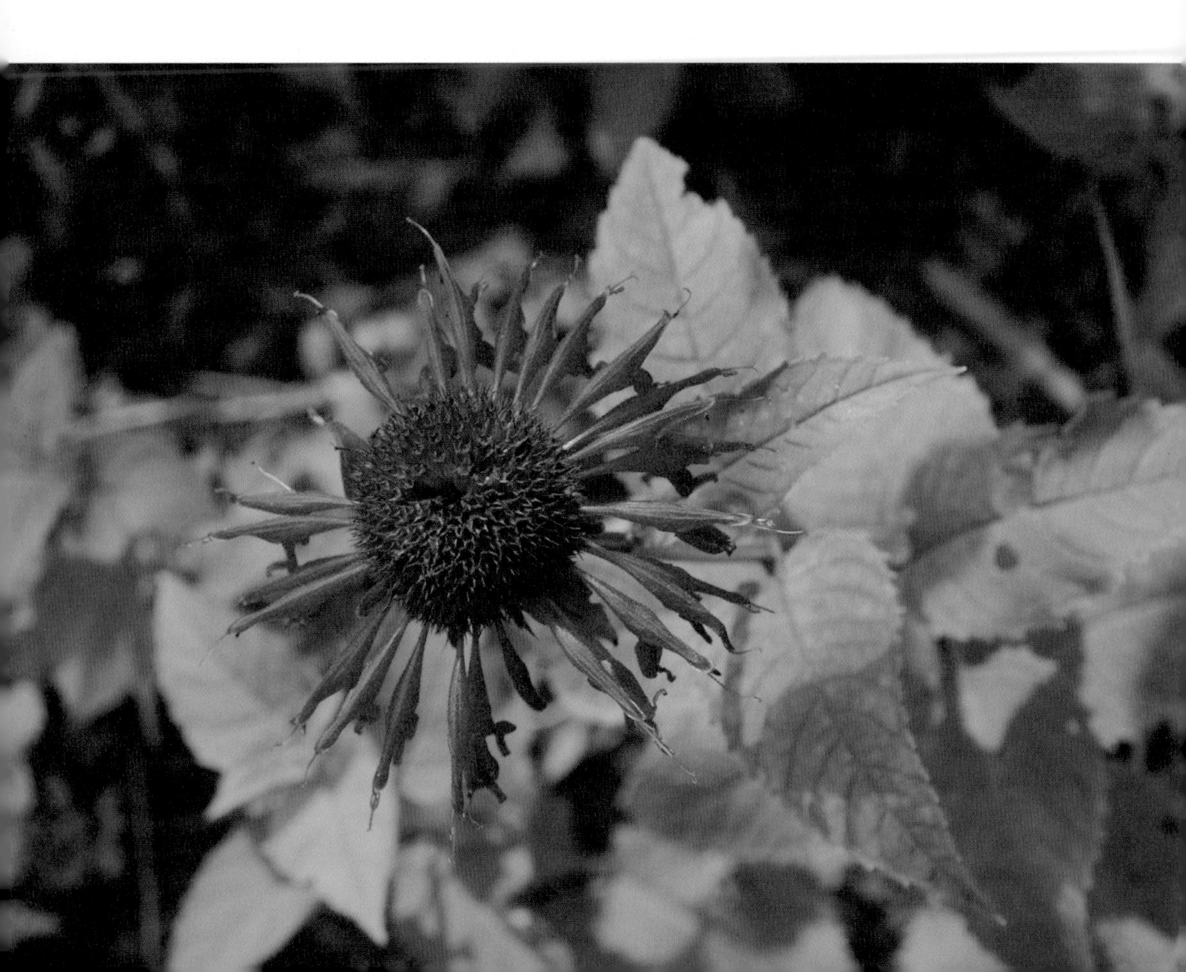

햇빛을 좋아해요

베르가못은 충분한 햇빛을 좋아하는 장일 식물입니다. 햇빛이 잘 드는 곳이 적당하며 살짝 그늘진 곳에서도 자랄 수 있습니다. 단, 우리나라의 한여름은 너무 더우니 오전에는 햇빛이 들고 오후에는 그늘이 지는 곳이 적당합니다.

습한 게 좋아요

너무 건조한 환경에서는 잘 자라지 못하며 촉촉한 환경을 좋아합니다. 성장 시기에는 흙을 촉촉하게 유지하고, 물을 충분히 주는 것이 좋습니다. 다만, 여느 식물과 마찬가지로 과습에 피해를 볼 수 있으므로 물이 고이지 않도록 주의합니다.

15~25℃

베르가못은 따듯하고 선선한 환경을 좋아하고 적응력이 좋습니다. 특히 내한성이 강하여 영하의 온도에서도 견딜 수 있어, 지상부가 시들어도 이듬해 날씨가 따듯해지면 다시 성장합니다. 씨앗을 파종할 때는 20~25℃ 정도를 유지해야 합니다.

파밍순의 관리팁

① 흙과 비료

베르가못은 적응력이 좋아 딱히 흙을 가리지는 않습니다. 통기성이 좋고, 배수성과 보수력이 좋은 중성이나 약산성의 유기질이 풍부한 흙을 사용하는 것이 좋습니다. 일반적인 원예용 상토나 배양토와 배수 자재를 혼합하여 사용합니다.

베르가못을 심고 꽃이 피기 전까지는 질소를 더해주어 성장을 촉진시키는 것이 좋으며, 꽃이 필 시기에 인산과 칼륨을 시비하면 좀 더 많은 꽃을 볼 수 있습니다.

② 관리법

베르가못은 봄이나 가을에 파종하며, 20~25℃가 알맞은 발아온도입니다. 씨앗을 고운 모래나 흙과 섞어서 뿌리면 고르게 파종할 수 있습니다.

가지치기는 봄에 하는 것이 좋으며, 전체적인 성장과 수형 교정, 개화에 도움이 됩니다. 이때 나온 베르가못은 버리지 않고 식용으로 이용합니다. 씨앗을 직접 파종하는 것 외에도 삽목, 포기나누기 등으로 번식할 수 있습니다.

꽃이 아름다운 허브

커먼멜로우

학명 / Malva Sylvestris

원산지 / 유럽

키우기 난이도 /

반려동물 위험도 / 안전

유럽이 원산지로 약 1,000여 종의 다양한 품종이 있는, 역사가 오래된 허브입니다. 고대 아라비아에서는 염증을 가라앉히기 위해 사용했다고 하며 잎과 꽃은 수프나 샐러드로 먹고 차로도 마시는 다용도의 허브입니다.

대표적인 품종으로는 블루멜로우, 머스크멜로우, 마시멜로우 등이 있으며, 이 중 블루멜로우가 우리가 흔히 알고 있는 커먼멜로우입니다. 잎, 뿌리, 꽃 모두에 약용 성분이 있어 기침, 감기, 호흡기, 소화기 계통의 질환 치료에 오래 전부터 사용되었습니다. 꽃이 탐스럽고 아름다워 관상용으로도 인기가 있습니다.

햇빛을 좋아해요

커먼멜로우는 햇빛을 많이 보여주는 것이 좋습니다. 살짝 그늘진 환경에서도 잘 자랄 수 있지만, 많은 꽃을 보기 위해서는 빛을 충분히 쬐어야 합니다. 대략 하루에 6시간 이상 햇빛을 보는 것이 좋습니다.

흙이 마른 것을 확인하세요

커먼멜로우는 완전히 자리를 잡은 후에는 건조에 상당히 강한 식물입니다. 속흙이 마른 것을 확인하고 물을 충분히 줍니다. 과습하지만 않는다면 물이 충분해야 더욱 무성한 커먼멜로우를 볼 수 있습니다.

선선한 환경을 좋아해요

커먼멜로우는 온도에 상당히 관대한 편입니다. 적절한 발아 온도는 20~25℃이고, 선선한 환경을 선호하는 편이며 우리나라의 기후에서도 잘 자랍니다.

파밍순의 관리팁

① 흙과 비료

커먼멜로우는 까다롭지 않아 대부분의 흙에서 잘 자랍니다. 다른 허브들과 마찬가지로 일반적인 배양토와 배수재를 혼합한 흙을 사용합니다. 비료도 크게 신경 쓸 필요는 없지만, 생장이 시작되기 전인 늦겨울이나 이른 봄에 일반적인 원예용 완효성 비료를 주면 성장에 도움이 됩니다. 비료를 준 후에는 물을 꼭 충분히 주세요.

② 주의할 점

커먼멜로우는 빛이 부족하면 잎이 노랗게 변색되거나 꽃이 적게 핍니다. 햇빛을 많이 필요로 하기 때문에 최소 6시간 이상의 빛을 보여주는 것이 좋습니다. 여의치 않은 경우에는 식물등을 이용하여 빛을 공급합니다.

커먼멜로우는 육묘, 직파 모두 가능하며 초기 성장세는 느리지만 어느 정도 자리를 잡으면 빠르게 자랍니다. 파종 외에도 가을에 포기나누기를 통해 번식이 가능합니다.

화려하고 매력적인 꽃

세이지

학명 / Salvia officinalis

원산지 / 남유럽, 지중해 연안

키우기 난이도 /

반려동물 위험도 / 안전

세이지는 오래 전부터 약용 식물로 많이 이용되어 왔습니다. 이름도 '구하다, 고치다'란 의미를 가진 라틴어 'salveo'에서 유래되었다고 합니다. 세이지라는 이름 외에도 셀비어(Salvia), 커먼세이지, 가든세이지라고도 불립니다.

라리 세이지, 커먼세이지, 트리컬러 세이지, 파인애플 세이지 등 다양한 품종이 있습니다. 항균, 염증 완화, 진정 등의 치료 효과가 뛰어난 데다 꽃이 아름다워 옛날부터 유럽에서는 집집마다 가정용 향초로 정원에 많이 심었습니다.

햇빛을 좋아해요

직사광선보다는 창문이나 커튼 등을 한 번 거쳐 들어오는 부드러운 햇빛을 6시간 이상 받을 수 있는 곳에서 기르는 것이 좋습니다. 한여름 오후에는 강한 빛을 직접 받지 않도록 그늘이 지는 곳으로 옮깁니다.

과습에 취약해요

세이지는 과습에 취약합니다. 손가락 두 마디 정도 깊이의 속흙을 확인하여 물이 말랐을 때 듬뿍 줍니다. 화분 배수 구멍으로 물이 흘러나올 때까지 주고, 물받침에 고인 물은 바로 비워야 합니다. 화분은 통기가 잘 되는 곳에 둡니다.

15~25℃

따뜻한 온도를 좋아하지만, 극단적으로 높거나 낮은 온도가 아니라면 대부분의 온도에서 잘 자랍니다. 우리나라의 남부 지방에서는 실외 월동이 가능합니다. 온도보다는 통풍에 더 신경 쓰는 것이 좋습니다.

파밍순의 관리팁

① 흙과 비료, 그리고 관리법

세이지는 과습에 약해 통기와 배수가 잘 되는 사질 양토에서 잘 자랍니다. 일반적인 원예용 흙과 배수 자재를 혼합하여 배수가 잘 되도록 합니다. 봄과 가을에 원예용 비료를 웃거름으로 주며, 뿌리 성장이 활발한 편이므로 분갈이를 할 때는 어느 정도 뿌리를 정리해 주세요.

여름 장마철에 과습 피해를 받기 쉬우므로 장마철 전에 가지치기를 하는 등 통풍에 유의하세요.

② 번식

커먼세이지는 초반 성장이 늦으므로 꽃을 빨리 보고 싶다면 직접 파종하기보다 모종을 키우는 것이 좋습니다. 발아적온은 약 21℃이며, 싹을 보기까지는 10일 정도 걸립니다. 파종 외에도 성장기인 봄과 가을에 삽목이나 포기나누기를 통해 개체수를 늘릴 수 있습니다. 특히 삽목이 잘 되므로 가지를 잘라 상토에 심거나 물꽂이 등의 방법을 통해 쉽게 세이지의 개체수를 늘릴 수 있습니다.

다양한 쓰임새의 허브

로즈마리

학명 / Rosmarinus officinalis

원산지 / 남유럽, 지중해 연안

키우기 난이도 /

반려동물 위험도 / 안전

로즈마리의 학명인 'Rosmarins'는 바다의 이슬이라는 의미의 라틴어, 'ros marinus'에서 유래했습니다. 자생지에서는 2m까지 자라는 다년생의 관목성 식물이며, 잔가지가 많고 5월에서 7월 사이에 꽃을 피웁니다.

가장 대표적인 허브 중 하나인 로즈마리는 실내에서 재배하기 쉽지만, 과습에 약해 실패하기도 쉬운 식물입니다. 여름 장마철 고온다습한 환경에 주의하세요. 우리나라의 남부 해안지방에서는 실외 월동이 가능하지만 중부 지방 위쪽에서는 안으로 들여서 길러야 합니다.

밝은 햇빛을 좋아해요

로즈마리는 햇빛을 매우 좋아하는 식물입니다. 실내에서 재배할 때는 햇빛이 가장 잘 드는 곳에서 키우는 것이 좋습니다. 통풍이 잘 되는 거실의 창가나 베란다가 적합하며, 하루에 6시간 이상의 햇빛을 볼 수 있도록 합니다.

과습에 약해요

로즈마리는 건조한 환경에 비교적 잘 견디는 편입니다. 반대로 과습에는 매우 취약하므로 물 관리에 신경 써야 합니다. 다만, 어린 로즈마리는 수분 공급이 잘 이루어져야 건강하게 성장할 수 있습니다. 화분 속 흙이 말랐을 때 물을 충분히 줍니다.

18~25℃

자생지인 따뜻한 지중해 연안의 기후와 마찬가지로 포근한 온도에서 가장 잘 자랍니다. 추위에도 비교적 잘 견디지만 겨울에는 10℃ 이상의 온도를 유지하는 것이 좋습니다.

파밍순의 관리팁

① 흙과 비료

로즈마리를 심을 화분의 흙은 배수력이 좋은 흙을 사용합니다. 일반적인 배양토에 펄라이트나 마사토 등을 섞어 배수가 잘 되도록 합니다.

로즈마리는 뿌리 성장이 왕성한 편이므로, 상태를 보아 분갈이를 해주어야 합니다. 보통 1년에 한 번 정도가 적절합니다. 로즈마리는 비료를 크게 필요로 하지 않으므로 따로 챙겨줄 필요는 없고, 식물의 상태를 보아 시비합니다.

② 번식과 수확

로즈마리를 직접 파종하여 키워 꽃을 보려면 대략 4년 정도가 걸리므로, 빨리 꽃을 보려면 모종을 재배하는 것이 좋습니다. 로즈마리는 뿌리를 잘 내리는 편이라 새로 나온 가지를 잘라 삽목으로 쉽게 번식시킬 수 있습니다.

로즈마리가 필요할 때는 물론, 너무 풍성하여 가지치기를 해야 할 때 수확해서 생잎을 그대로, 또는 건조하여 사용할 수 있습니다. 겨울이 되기 전 가을에 월동 준비를 하면서 한번에 수확할 수도 있습니다.

허브의 왕

바질

학명 / Ocimum basilicum

원산지 / 열대아시아

키우기 난이도 /

반려동물 위험도 / 안전

동남아시아를 비롯한 열대아시아가 원산지인 바질은 항암 효과와 스트레스 감소 효과가 탁월한 대표적인 허브입니다. '왕'이라는 의미의 그리스어 '바실레우스'에서 유래한 이름으로, 향신료로 많이 이용되는 식물입니다.

실내에서 키울 때도 햇빛, 온도, 습도 등의 조건이 잘 갖춰지면 여러 해 동안 키울 수 있으며, 텃밭에서도 키울 수 있을 만큼 어렵지 않습니다. 200여 가지가 넘는 종류가 존재하지만 우리가 흔히 접하는 종류는 스위트바질, 그릭바질 등입니다.

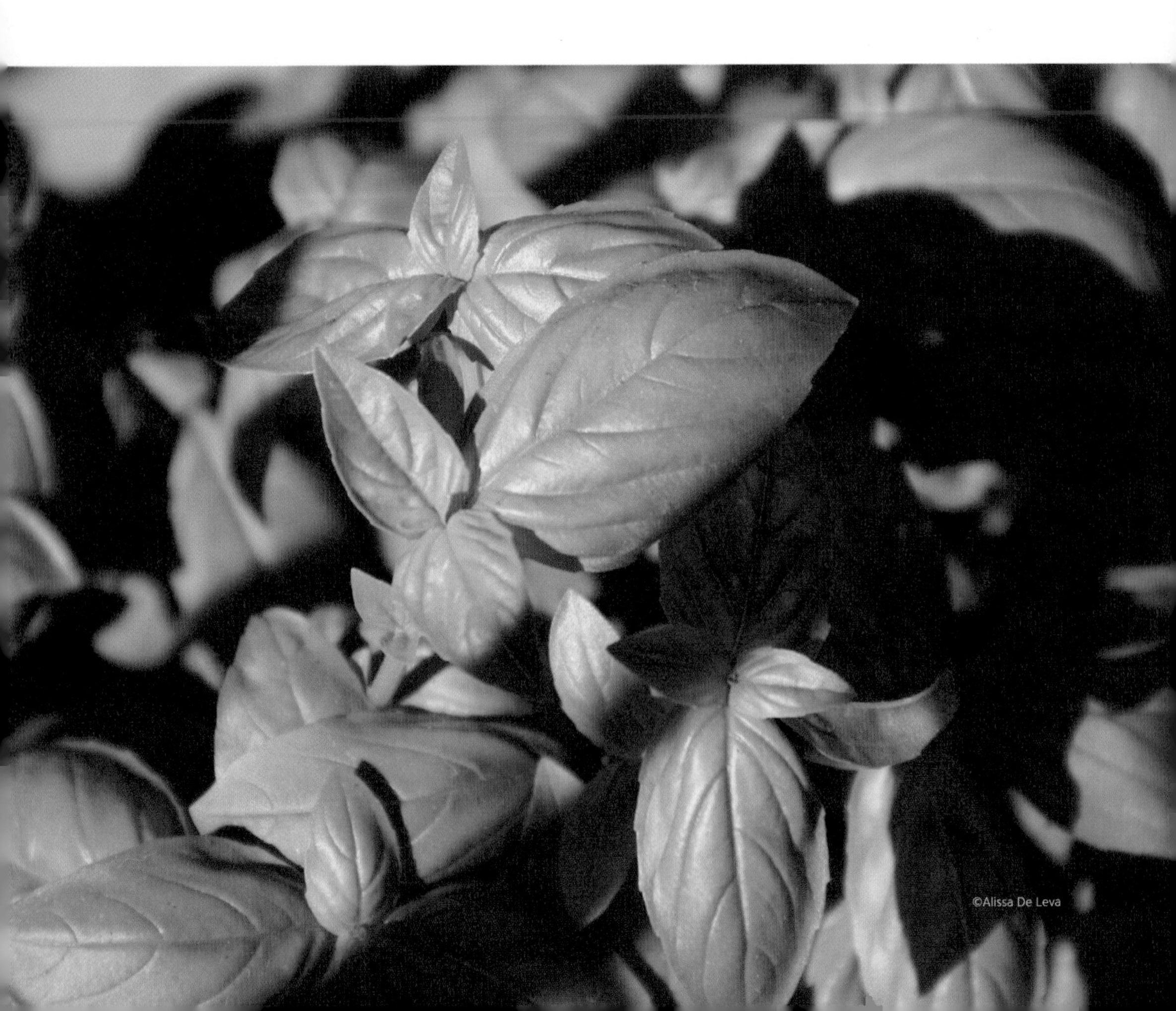

©Alissa De Leva

햇빛이 많이 필요해요

바질은 햇빛을 많이 좋아하는 편으로, 성장에 햇빛이 매우 중요합니다. 실내에서 키울 때는 남향의 창가, 베란다 창가 등 햇빛이 잘 드는 곳에서 키우는 것이 좋습니다. 빛이 부족하면 잎이 뒤틀리거나 말리는 현상이 나타나기도 해요.

과습에 약해요

바질은 다른 식물에 비해서 조금 더 신경 써야 합니다. 겉흙이 완전히 마르기 전에 물을 주어야 하는데 과습에도 약하기 때문에 항상 주의하세요. 줄기 부분이 까맣게 색이 변했다면 과습 피해일 수 있으므로 주기를 늦추는 등 조심해야 합니다.

20~30℃

바질의 적정 생육 온도는 20~30℃ 사이입니다. 고온다습한 환경에 잘 적응하는 편이지만 고온이 지속되면 웃자랄 수 있으니 한여름에는 더위를 피할 수 있는 곳에서 키우는 것이 좋습니다. 추위에 매우 약한 편이니 가을부터는 실내에서 재배합니다.

파밍순의 관리팁

① 흙과 관리법

바질을 키울 때는 화분의 아래쪽에 배수층으로 마사토, 질석 등을 깔고, 일반적인 상토나 배양토를 배수재와 혼합하여 사용하는 것이 좋습니다.

바질을 더욱 풍성하게 키우고 싶다면 순지르기를 하는데, 너무 어린 바질은 피합니다. 또한 잎을 많이 수확하고 싶다면 꽃대를 제거하세요.

② 활용

바질은 허브 중에서도 매우 안전한 허브이므로 여러 가지 방법으로 사용하기 좋습니다. 달콤하고 은은한 향이 나서 올리브오일에 담가 허브오일로 사용하기 좋고, 바질 페스토를 만들어 이용하기도 합니다. 토마토를 이용한 요리에 잘 어울리고 피자나 파스타, 샐러드의 재료로도 자주 이용합니다.

항바이러스 성질이 뛰어난 허브

레몬밤

학명 / Melissa officinalis

원산지 / 유럽 남부

키우기 난이도 /

반려동물 위험도 / 안전

레몬밤의 속명인 Melissa는 레몬밤의 꽃에 유인된 벌의 그리스명인 melissa에서 유래되었다고 합니다. 높이 60~150cm 정도로 자라며, 잎의 길이는 약 8cm로 넓은 잎이 마주 나는 형태입니다. 꽃은 늦여름에 흰색, 노란색, 연한 청색으로 피며 이름처럼 레몬 향이 강한 것이 특징입니다.

벌이 레몬밤 꽃을 매우 좋아하여 밀원 식물 중 하나이며, 소화 불량에 좋고 진정 효과로 숙면에 도움을 주는 등 효능이 많은 허브입니다.

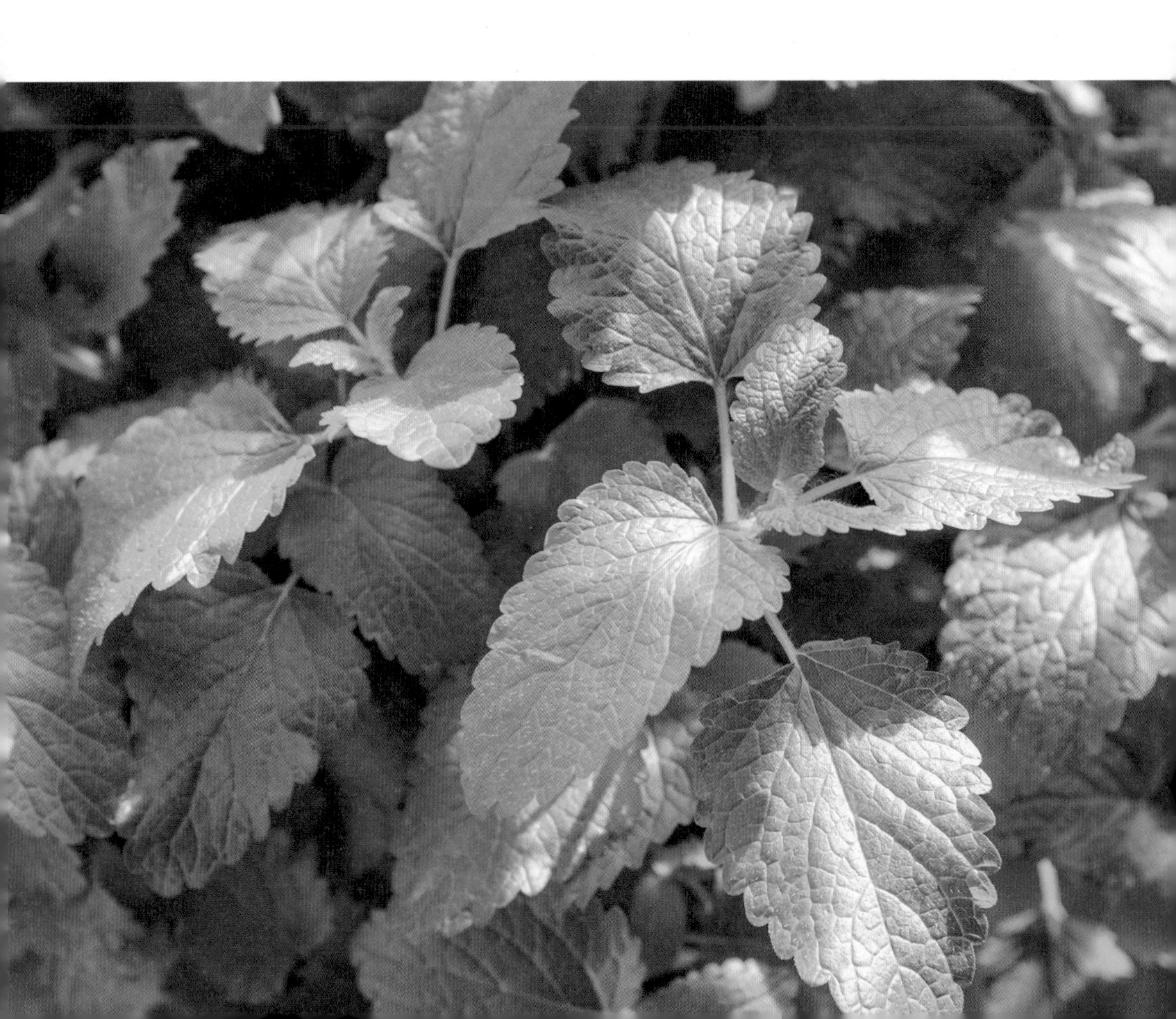

햇빛을 좋아해요

레몬밤은 양지~반양지에서 키우는 것이 적당합니다. 대부분의 허브처럼 햇빛을 좋아하지만 약간 햇볕이 부족한 반양지에서도 그럭저럭 잘 자랍니다. 창문을 거친 부드러운 햇빛을 좋아하며, 반나절 정도는 빛이 드는 곳에서 키우는 것이 좋습니다.

조금 습한 것이 좋아요

대부분의 허브들이 건조한 환경을 좋아하지만, 레몬밤의 경우는 약간 습한 환경이 좋습니다. 물론 과습한 환경은 피해야겠지요. 물이 모자라면 금새 잎이 처지고 갈변하므로 촉촉한 상태를 유지해 주는 것이 좋습니다.

18~23℃

레몬밤의 적정 생육 온도는 18~23℃ 사이입니다. 내한성이 좋은 편이고 포근한 온도에서 무난하게 잘 자라며, 따뜻한 온도에서 성장이 빠릅니다. 우리나라의 남부 지방에서는 실외 월동이 가능하며 위쪽 지방에서는 베란다에서 겨울철에도 키울 수 있습니다.

파밍순의 관리팁

① 관리법

레몬밤은 40~70%의 습도를 좋아하며 쾌적한 습도를 유지하기 위해 환기와 통풍이 필요합니다. 파종은 3~4월 중이 좋으며 씨앗 파종 후에는 과습이 되지 않게 적정 습도를 유지하세요. 배수가 잘 되는 토양을 좋아하며, 시중에 판매하는 일반적인 상토나 배양토에 마사토, 질석, 펄라이트 등의 배수재를 혼합하여 사용합니다.
응애가 잘 생기므로 주의 깊게 관찰하여 예방해야 합니다. 식용으로 쓰이는 허브이므로 약을 칠 수 없으니, 잎을 물로 자주 씻어내세요.

② 효능

레몬밤은 매우 다양한 효과들이 있습니다. 두뇌 활동을 돕고, 소화 불량에 좋으며, 진정 효과가 있어 숙면에 도움을 줍니다. 벌레 물린 곳을 레몬밤으로 문질러도 좋고 불안, 스트레스 해소 효과도 있습니다.

공기 정화 능력이 뛰어난 허브

장미허브

학명 / Plectranthus tomentosus
원산지 / 멕시코
키우기 난이도 /
반려동물 위험도 / 안전

멕시코가 원산지인 허브로, 오레가노와 비슷하여 쿠반 오레가노라고 불리며 영명은 vicks plant입니다. 많은 허브가 속해 있는 꿀풀과의 식물이지만 다육식물에 가깝습니다. 잎이 나는 모양이 장미와 비슷하여 장미허브라는 이름으로 불립니다.

생명력이 강해 식물을 처음 키우는 초보 식물 집사도 잘 키울 수 있으며, 도톰한 잎을 문지르면 좋은 향이 나는 것이 특징입니다. 음이온 발생량이 많고, 이산화탄소를 제거하는 능력이 좋아 공기 정화 식물로도 인기가 좋습니다.

밝은 빛을 좋아해요

밝은 빛을 좋아하는 식물입니다. 하지만 너무 강한 직사광선을 지속적으로 받게 되면 잎이 화상을 입을 수 있으므로 창문이나 커튼 등을 한 번 거친 부드러운 빛이 들어오는 곳에서 키우는 것이 좋습니다. 균형 있는 수형을 위해 주기적으로 화분을 돌려 빛을 보는 방향을 바꿉니다.

과습에 주의하세요

장미허브의 잎은 다육식물처럼 수분을 유지하는 능력이 있어 물을 자주 주지 않아도 됩니다. 잎이 쭈글쭈글해지거나 잎이 아래로 처졌을 때 흙이 마른 것을 확인하고 물을 주되, 식물체에 물이 닿지 않게 줍니다.

18~27℃

장미허브는 평균적인 실내 온도에서 잘 자랍니다. 추위에 약하지만 10℃ 이상으로 유지해 준다면 겨울철에도 크게 무리 없이 키울 수 있습니다. 겨울에는 실내에서 키우며 찬바람을 직접 쐬지 않도록 주의합니다.

파밍순의 관리팁

① 과습을 조심하세요

장미허브를 기를 때는 너무 습한 곳을 피하는 것이 좋습니다. 일반적인 실내 습도인 40~70%에서 잘 자라며, 여름 장마철과 같이 습도가 높을 때는 환기와 통풍으로 습도를 조절해줍니다.
과습만 주의하면 잘 자라므로 일반적인 원예용 상토에 배수 자재를 혼합하여 배수가 잘 되도록 조성합니다.

② 번식

장미허브는 삽목으로 쉽게 번식이 가능합니다. 자른 줄기의 절단면을 하루 정도 말린 후 흙에 심고 물을 주는 것이 좋습니다. 삽목을 할 때는 잎을 한두 장 정도 남기고 제거해주며, 삽목 후에는 직사광선이 닿지 않는 곳에서 뿌리가 내릴 때까지 관리합니다. 줄기가 아닌 잎을 물에 담가 놓아도 쉽게 번식시킬 수 있습니다.

서양의 부추

차이브

학명 / Allium schoenoprasum

원산지 / 유럽, 시베리아

키우기 난이도 /

반려동물 위험도 / 주의

차이브는 양파, 마늘과 같이 매운 맛이 나는 백합과 부추속의 식물입니다. 추위에 강한 여러해살이 식물로 어디서든지 재배가 가능하여 키우기 쉬운 허브식물이며, 중국의 식물지에서는 '북총', '호산'이라는 이름의 '외국의 파'라고 소개하고 있습니다.

차이브는 독하지 않은 양파 향이 나고, 비타민C와 철분이 많아 혈압을 내리는 효능을 가지고 있습니다. 음식에 넣으면 방부제 역할을 하며, 샐러드, 수프, 가니쉬와 드레싱 등 요리에 많이 이용합니다.

햇빛을 좋아해요

차이브는 햇볕이 하루 종일 드는 장소에서 키우는 것이 좋습니다. 그렇지 못하다면 하루에 최소한 4~6시간 정도 햇빛을 볼 수 있는 곳에 둡니다.

 배수가 중요해요

차이브는 토양에 수분이 있는 상태를 좋아합니다. 흙이 마르고 나면 물을 듬뿍 주는 것이 좋으며, 흙이 완전히 마른 상태보다는 어느 정도 수분이 있어 촉촉한 상태를 유지해 주세요.

 15~25℃

차이브는 내한성이 강하고, 더위에도 어느 정도 견딜 수 있어 우리나라에서 키우기 좋습니다. 가장 잘 자라는 온도는 15~25℃ 사이며, 우리나라의 실외 노지에서도 월동이 가능합니다.

파밍순의 관리팁

① 흙과 비료

차이브는 배수가 잘 되는 토양에서 잘 자라므로 원예용 상토나 배양토에 모래와 같이 배수가 잘 되는 흙을 혼합하여 기릅니다. 씨앗을 파종하면 수확할 수 있는 크기까지 키우는 데 2년 정도가 걸리므로, 빨리 키우고 싶다면 모종을 심으세요.

한 달에 한 번 정도 원예용 복합비료를 주면 좋습니다. 비료를 줄 때는 식물체에 비료가 직접 닿지 않도록 약간 거리를 두고 주세요.

② 수확

차이브의 잎이 20cm 내외로 자라면 수확할 수 있습니다. 잎을 한꺼번에 모두 잘라내면 다음 수확까지 오래 걸리므로 바깥쪽 잎부터 차례로 수확하세요. 수확할 때는 아랫부분을 2~5cm 정도 남기고 자릅니다.

역사가 깊은 허브

고수

학명 / Coriandrum astivum

원산지 / 지중해 연안

키우기 난이도 / 🍃🍃🍃🍃🍃

반려동물 위험도 / 안전

고수는 미케네 문명에 이름이 기록되어 있을 정도로 그 역사가 매우 깊은 허브입니다. 고대 그리스어 koriannon이 로마에 전해져 Coriandrum이 되었다고 합니다. 스페인어로는 cilantro, 영어로는 coriander라고 불립니다.

고수는 사람에 따라 호불호가 매우 갈리는 허브이며, 중국과 동남아·멕시코 등에서 요리에 많이 사용합니다. 우리나라에서는 고수의 향을 싫어하는 사람이 많지만 전 세계적으로 가장 인기 있는 허브 중 하나입니다.

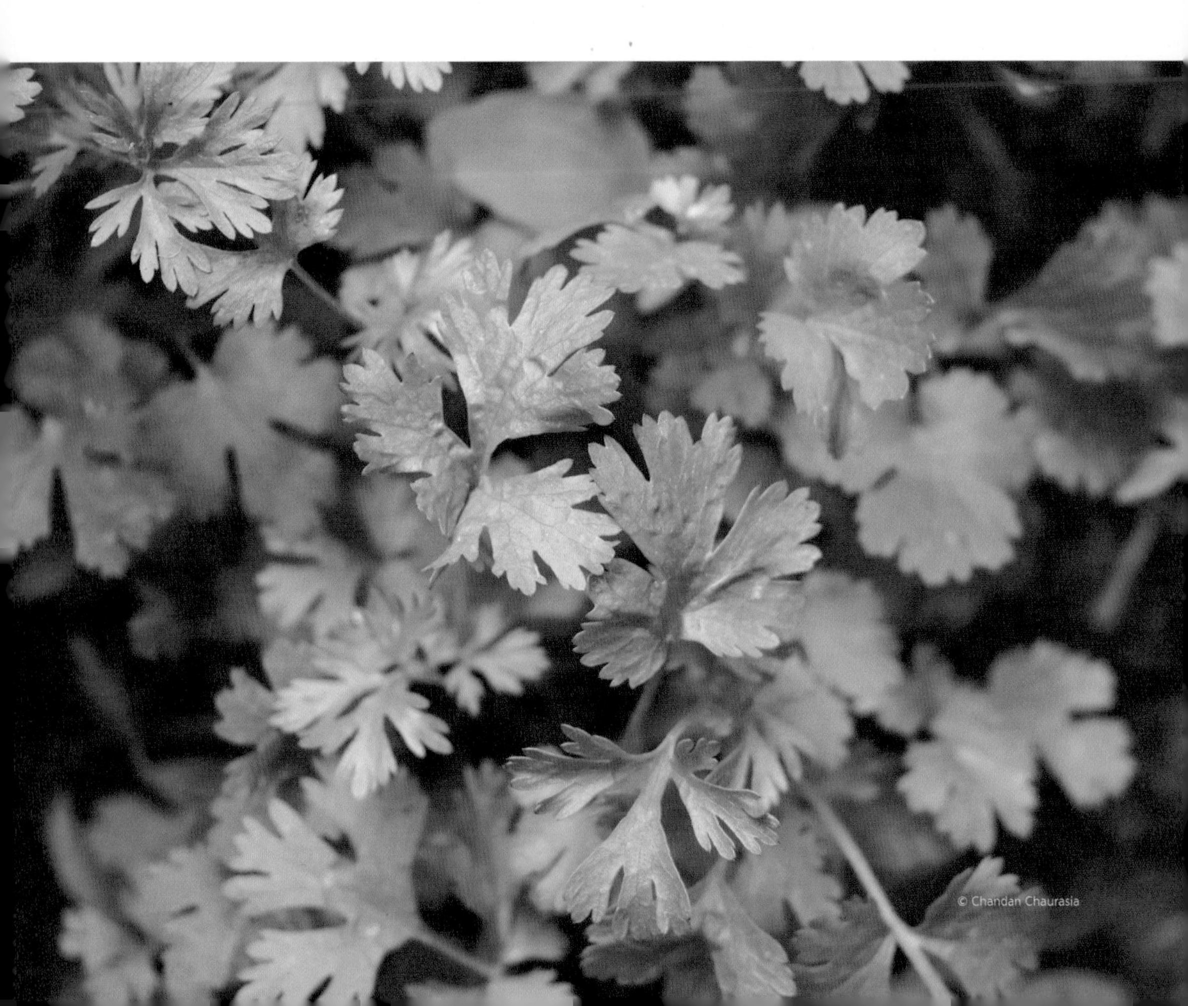

햇빛을 좋아해요

고수는 햇볕이 잘 드는 곳에서 잘 자랍니다. 남향의 창가, 베란다 창가에 화분을 두고 기르는 것이 적합합니다. 햇빛을 좋아하지만 반양지에서도 잘 자라므로 실내에서도 충분히 재배가 가능합니다.

배수에 주의하세요

흙의 표면이 말랐을 때 듬뿍 주는데, 과습에 약해서 물을 너무 자주 주면 뿌리의 호흡이 저하되어 뿌리가 썩을 수 있습니다. 특히 물을 줄 때 흙이 튀어 식물체에 묻지 않도록 합니다.

15~25℃

지중해가 고향으로 추위에 약한 식물입니다. 기본적으로 여름에는 시원한 곳에서 키우고 겨울엔 따뜻한 상태를 유지해야 합니다. 이처럼 계절마다 이동해야 하므로 화분에 심어서 재배하는 것이 좋습니다.

파밍순의 관리팁

① 파종

고수의 파종은 3월 중순에서 5월 초까지가 좋습니다. 발아율은 일반적인 허브에 비해 낮은 편인데, 씨앗이 딱딱한 껍질로 싸여 있으므로 심기 전 물에 하루 정도 불린 후 파종하면 발아율이 높아집니다. 광발아성 종자이므로 파종 후 복토를 최대한 얇게 해주세요. 파종 후에는 하루에 한 번 정도 분무기를 이용해 촉촉하게 물을 주어 건조해지지 않도록 합니다. 보통 파종 후 7~10일 정도가 지나면 싹이 납니다.

② 관리법

고수는 물빠짐과 보수성이 좋은 흙을 사용하며 pH6~6.5정도의 중성에 가까운 흙이 적합합니다. 뿌리가 아래로 곧게 뻗는 성질이 있으므로 깊은 화분을 사용합니다.

허브, 한눈에 보기

바질	이탈리아 요리에 널리 활용되고, 노화 예방을 돕고 신경통에 좋음
로즈마리	소나무 가지같이 생겼으며 음이온 배출이 굉장히 많음
딜	키우기가 매우 쉬움. 꽃과 씨앗은 피클로, 씨앗은 향신료, 줄기는 생선 요리에 폭넓게 활용
레몬밤	레몬 향이 풍부하며, 직사광선보다는 밝은 그늘을 좋아함. 꿀벌을 끌어들이는 허브 작물.
라벤더	꽃을 많이 이용하는 허브작물. 실내재배로 10년까지도 꽃 수확 가능
루콜라	로켓, 아루굴라로도 불리며, 피자의 가니쉬로 많이 활용됨. 열무와 유사한 성장 과정을 보이며 잎이 크면 뻣뻣해지므로 어린 잎을 먹는 것이 좋음
레몬 버베나	레몬 향이 가장 강한 허브. 햇빛과 건조한 토양을 좋아함
멜로우	세계적으로 1,000여 개의 종이 있는 허브. 아욱처럼 어린 잎을 샐러드로 먹거나 익혀서 먹고, 꽃은 샐러드와 허브차로 먹을 수 있음
마조람	타임, 오레가노와 비슷한 향과 맛을 가짐. 맛은 약간 쓴 편. 실내 화분에서 월동시 5~10월 중 계속 수확 가능
스테비아	척박한 땅에서도 잘 자라는 허브로, 어린 잎은 식용으로 꽃은 장식으로 많이 활용
제라늄	성장이 매우 빠른 허브로 진정 효과가 매우 탁월하며 화분에서 굉장히 잘 자람
오레가노	이탈리아, 멕시코, 프랑스 요리에 많이 활용되는 허브로, 톡 쏘는 향이 강함. 요리, 차, 약용, 포푸리, 입욕제 등 폭넓게 활용할 수 있으며 토마토와 궁합이 좋음
세이보리	후추 향을 가진 허브로, 일년생이면 섬머세이보리, 다년생이면 윈터세이보리로 분류
민트	각 나라마다 고유한 민트가 있을 정도로 대중화된 허브. 큰 화분에 키워야 배수가 잘되며, 성장이 매우 빠름

파슬리	고수와 비슷하게 생긴 허브. 고온에 약하고 저온에 강한 작물로, 비타민 A·B·C, 철분, 마그네슘이 풍부함
고수	냄새로 인해 호불호가 강한 허브. 한 식물에서 잎과 씨의 쓰임새가 완전히 다름. 차이니즈 파슬리, 고수, 향채 등 여러 이름을 가짐
차이브	백합과의 다년생 허브로 키는 20~30cm, 우리나라 어디에서나 잘 자라며, 수확은 5~11월에 수시로 할 수 있음
타임	사용도가 광범위한 허브. 300여 종이 있으며, 유럽 요리에 많이 사용되는 허브

Part 4

집에서 기르기

/

채소작물편

preview

집에서 키우기 좋은 채소

최근 채소값이 오르면서, 간단한 채소는 집에서 재배해서 먹는 분들이 더 많아졌어요. 집에서 키울 수 있는 대표적인 채소작물을 가져왔어요. 귀여운 건 물론이고 우리집 냉장고까지 채워주는 채소를 소개합니다!

쌈채소의 터줏대감

상추

학명 / Lactuca sativa

원산지 / 서아시아, 지중해연안

키우기 난이도 /

반려동물 위험도 / 확인

상추는 집에서 직접 길러 먹는 채소 중에서 가장 인기가 좋은 채소로, 쌈을 좋아하는 한국인과는 뗄 수 없는 엽채소입니다. 알칼리성인 상추는 육류와 함께 섭취하기 좋은 채소로, 비타민C와 베타카로틴, 섬유질을 보충해주며 신체에 콜레스테롤이 쌓이는 것을 막고 피를 맑게 하는 효과가 있습니다.

조금 부족해도 잘 견뎌요

햇빛이 조금 부족하더라도 견딜 수 있지만, 가능한 햇빛을 충분히 받을 수 있도록 해주세요.

건조한 건 싫어요

흙이 건조하지 않도록 관리하여야 하며, 봄·가을에는 3~5일 간격, 여름에는 2~3일 간격으로 물을 줍니다.

15~20℃

15~20℃에서 가장 잘 자라고 비교적 서늘한 온도를 좋아합니다. 30℃ 이상의 고온에서는 발아가 잘 되지 않습니다.

파밍순의 관리팁

① 상추 심기

상추는 씨앗을 바로 심거나, 모종을 정식하여 키울 수 있습니다. 너무 깊지 않은 화분에 흙을 채운 후, 사방 10cm 정도의 간격으로 씨앗을 심을 구멍을 냅니다. 각 구멍에 씨앗을 2~3개 정도 넣고 흙을 살짝만 덮습니다. 상추 씨앗은 광발아 특성이 있어 빛이 있어야 발아가 잘 됩니다.
씨앗을 심은 후, 씨앗이 움직이지 않게 조심하여 물을 충분히 주고, 싹이 트고 난 후에는 성장이 좋은 상추를 제외하고 솎아냅니다. 모종으로 심을 때는 씨앗을 심을 때와 비슷한 간격으로 심고, 흙을 덮을 때 뿌리가 다치지 않도록 주의합니다.
상추는 성장 속도가 빠른 편이므로 되도록이면 다른 채소와 함께 심기보다는 상추만 따로 심는 편이 관리하기 좋습니다. 빛을 많이 받을 수 있도록 베란다 창가에서 키우세요.

② 웃거름 주기와 수확

상추는 다른 채소들에 비해서 생육 기간이 짧은 편이지만 비료를 아예 주지 않을 수는 없습니다. 특히 여름철에 양분이 부족하면 추대가 빨라지므로 웃거름을 주는 것이 좋습니다. 씨앗이나 모종을 심은 후 한 달 정도 후에 완효성 비료를 적당히 줍니다.
잎이 손바닥 크기 정도로 자라면 겉잎부터 차례로 따서 수확합니다. 잎을 딸 때는 줄기에 가깝게 바짝 따서 잎이 남아있는 부분을 최소화하는 것이 좋으며, 3~4장 정도를 남겨놓으면 다시 수확할 수 있습니다.

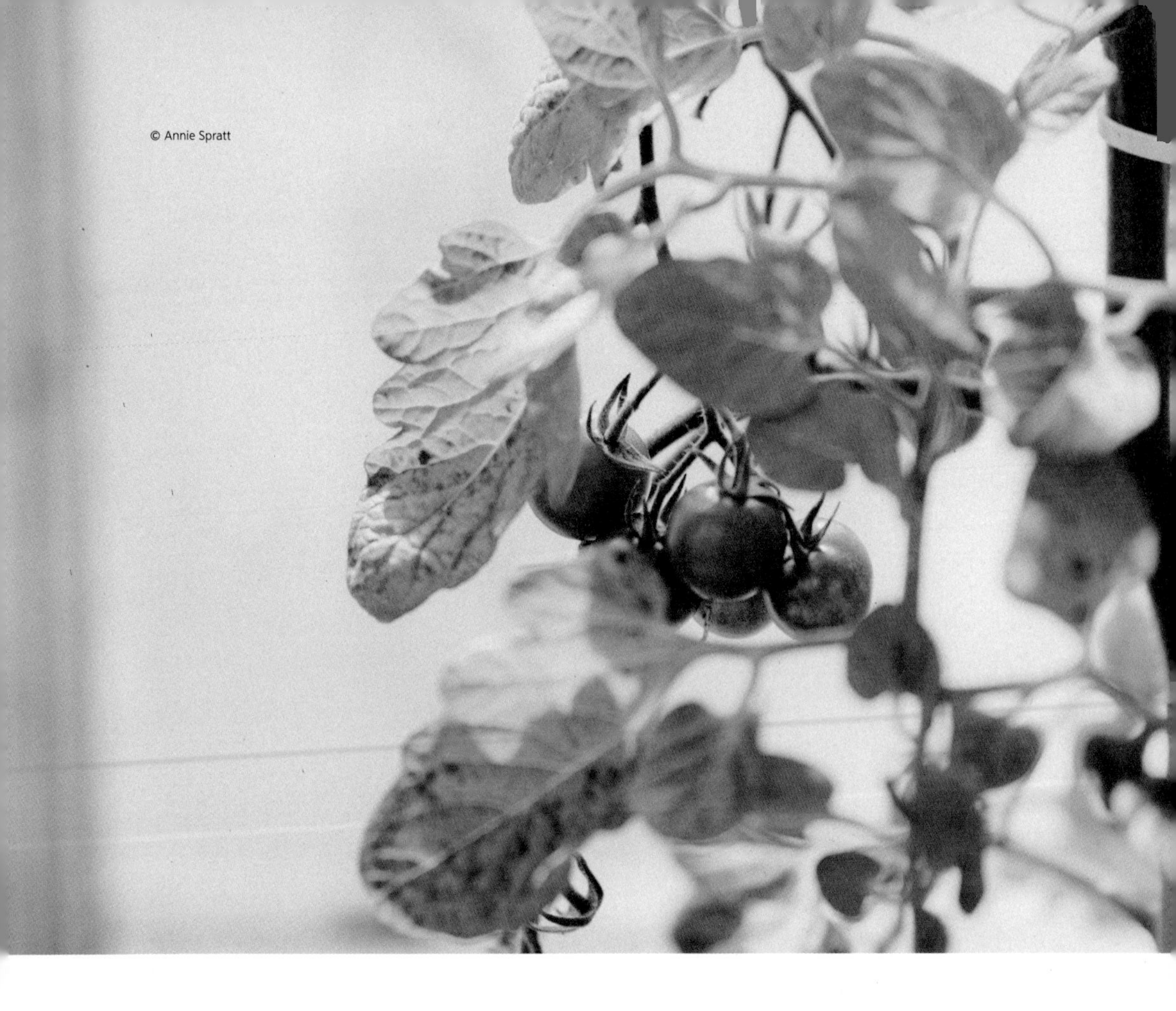
© Annie Spratt

건강에 좋은 레드푸드

토마토와 방울토마토

학명 / Solanum lycopersicon

원산지 / 남아메리카

키우기 난이도 /

반려동물 위험도 / 안전

남아메리카의 서부 고산지대가 고향인 토마토는 전 세계적으로 널리 재배되는 대표적인 열매채소입니다. 여러 종류의 비타민과 식이섬유, 칼슘, 철 등의 영양소가 풍부하게 함유되어 있습니다. 그중에서도 라이코펜, 베타카로틴 등의 항산화 물질이 많이 들어 있어 슈퍼푸드로 인기가 많은 채소입니다.

 **햇빛이 많이 필요해요**

햇빛이 매우 중요합니다. 최대한 많이(6시간 이상) 빛을 쬐어주는 것이 좋습니다.

 **겉흙을 확인하세요**

겉흙이 마르면 물을 듬뿍 줍니다. 물이 모자르면 잎이 아래로 처지므로 물주는 시기는 쉽게 짐작할 수 있습니다.

 **20~25℃**

20~25℃ 사이가 적정 생육 온도입니다. 야간에도 10℃ 이하로 떨어지지 않게 해주세요.

파밍순의 관리팁

① 토마토 심기

토마토는 씨앗이 다른 채소에 비해 비싼 편인데다, 키우는 데 시간이 오래 걸리므로 모종을 구입하여 심는 것을 추천합니다.
넓고 조금 깊이가 있는 화분을 준비합니다. 화분 하나에 모종 하나를 심는 것이 좋으며, 넓은 화분에 여러 개의 모종을 심을 때는 30cm 정도 간격을 두고 심습니다. 뿌리가 다치지 않도록 조심해야 합니다. 다 심었으면 물을 충분히 준 다음, 집안에서 가장 햇빛이 잘 드는 곳에 둡니다. 열매 채소이므로 햇빛이 많이 필요합니다.
토마토가 어느 정도 성장한 후에는 1.5m 정도 길이의 지주를 세워 토마토가 쓰러지지 않도록 지지해줍니다.

② 곁순 따기

토마토를 키우면서 필수적으로 하는 과정입니다. 곁순을 제거하는 이유는 원줄기와 잎, 열매에 쓰이는 영양분이 분산되는 것을 막아 토마토가 잘 성장하게 하기 위함입니다. 사진처럼 원줄기와 가지 사이의 Y자 안에 올라오는 작은 순이 곁순입니다. 곁순이 보이면 손으로 바로 제거합니다.

③ 지지대 세우기

토마토는 지지대를 잘 세워주고 조건이 갖춰지면 계속해서 위로 성장합니다. 집안에서 키울 때는 어느 정도 키운 후, 성장점을 자르는 순지르기를 해주는 것이 좋습니다. 그리고 꽃이 피면 실내에서는 수정을 해줄 매개체가 없으므로 직접 붓으로 수정하거나 토마토를 살살 흔들어서 수정이 될 수 있게 도와주어야 합니다.

눈에 좋은 뿌리채소

당근

학명 / Daucus carota

원산지 / 아프가니스탄

키우기 난이도 /

반려동물 위험도 / 안전

당근은 대표적인 녹황색 채소로 비타민A, 칼륨, 베타카로틴, 루테인과 리코펜 등의 영양분이 많이 함유되어 있으며, 특히 베타카로틴의 함량이 높은 뿌리채소입니다. 베타카로틴은 항산화 작용으로 노화 방지 및 암 예방에 도움을 줍니다. 또한 루테인과 리코펜 성분은 눈 건강과 시력 향상에 긍정적 효과가 있으며 면역력 향상, 고혈압과 동맥경화를 예방하는 역할도 합니다.

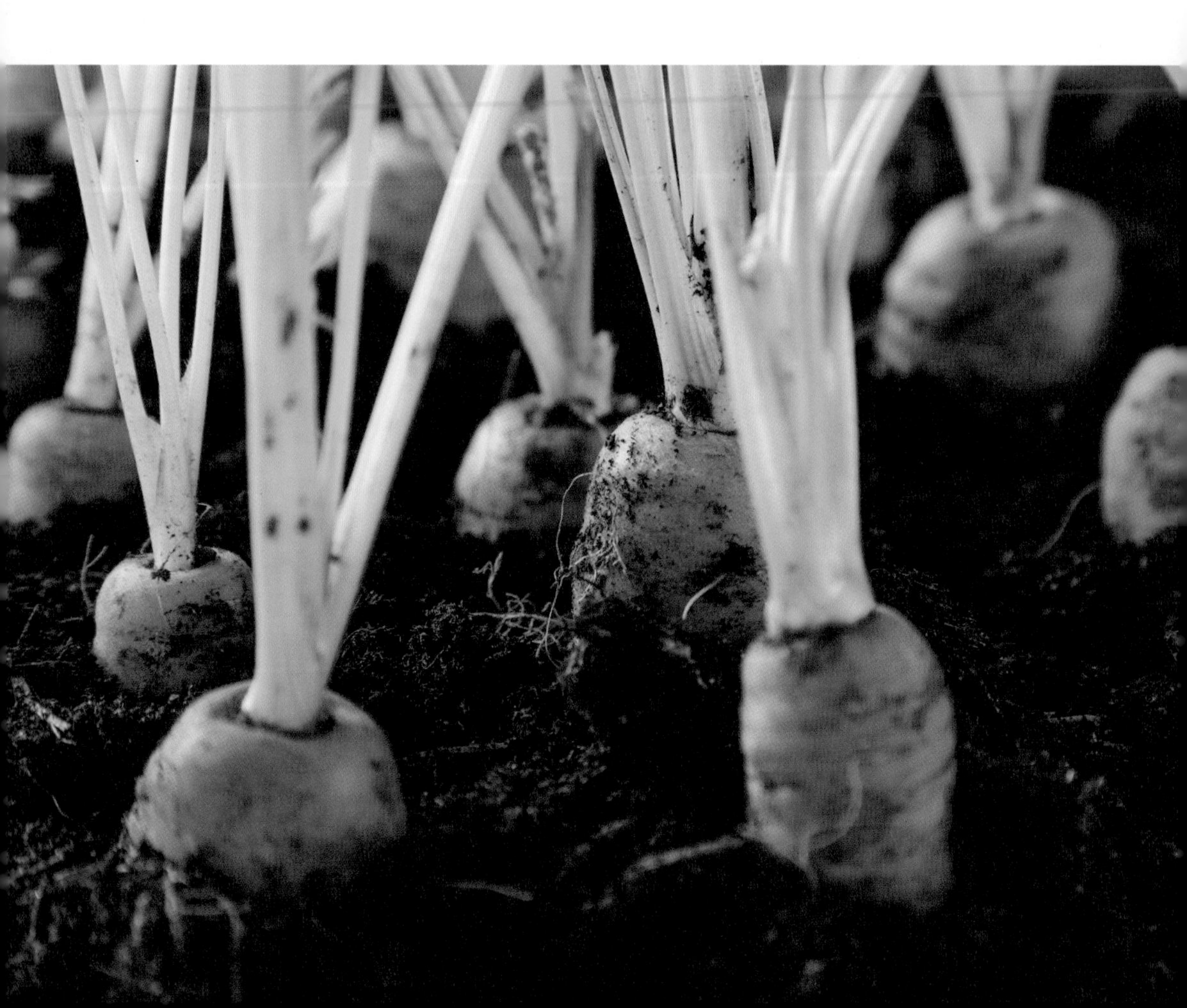

햇빛을 좋아해요

당근은 햇빛을 아주 좋아합니다. 당근이 웃자라지 않도록 햇빛을 잘 받을 수 있는 거실 창가나 베란다 창가에서 기릅니다.

겉흙을 확인해요

겉흙이 마르면 물을 줍니다. 물을 많이 필요로 하는 작물이므로 겉흙이 항상 촉촉할 정도로 유지합니다.

18~21℃

적정 생육 온도는 18~21℃입니다. 3℃ 이하 또는 28℃ 이상에서는 생육이 부진할 수 있습니다.

파밍순의 관리팁

① 당근 심기

당근은 뿌리채소이므로 모종을 옮겨 심기보다는 씨앗을 직접 파종하는 것이 좋습니다. 뿌리가 곧게 자랄 수 있도록 20cm 이상의 높이가 있는 화분을 사용합니다.

10~15cm 정도의 간격으로 구멍을 판 후 씨앗을 2~3립 넣습니다. 씨앗을 심기 전 하루 정도 물에 불려 두면 발아에 도움이 됩니다. 당근 씨앗은 햇볕을 좋아하므로 흙을 얕게 덮고, 씨앗을 심고 물을 충분히 준 후 해가 잘 드는 곳에 화분을 놓습니다.

싹이 트면 성장이 좋은 당근 하나를 남기고 솎아냅니다. 싹이 트고 나서 바로 솎기도 하지만, 보통 본잎이 3~4매 정도 나왔을 때 가장 좋은 개체를 남기고 솎아냅니다. 때로는 좋은 개체가 솎이는 것을 방지하기 위해서 처음에 하나를 솎고 보름 후에 다시 하나를 솎기도 합니다.

키우는 동안 흙이 마르지 않도록 하며, 병충해 예방을 위해 통풍이 잘 되도록 신경 써줍니다.

② 당근 물 주기

당근에 물을 줄 때는 겉흙이 충분히 젖을 정도로 줍니다. 너무 많이 주면 뿌리가 호흡을 제대로 못해 깊이 자라지 못하거나 표면이 거칠어지고 잔뿌리가 많이 발생할 수 있습니다. 반대로 너무 건조하면 생육이 더디고 뿌리가 갈라지기 쉬우며 단단해집니다.

혈액 순환에 도움이 되는 뿌리채소

비트

학명 / Beta vulgaris

원산지 / 유럽 남부 및 아프리카

키우기 난이도 /

반려동물 위험도 / 안전

비트는 아삭한 식감과 붉은색의 뿌리가 특징인 뿌리채소입니다. 비트에 함유된 베타인이라는 색소가 세포 손상을 억제하고 항산화 작용을 하여 암을 예방하고 염증을 완화하는 효과가 있습니다. 또한 질산염 성분이 혈관을 팽창시켜 혈액 순환에 도움을 주어서 아침에 먹는 비트주스가 인지기능 향상과 치매에 좋다고 합니다.

햇빛이 많이 필요해요

비트가 잘 성장하기 위해서는 햇빛이 많이 필요합니다. 햇빛이 잘 드는 곳에 화분을 놓습니다.

겉흙을 확인해요

겉흙이 마르면 듬뿍 줍니다. 파종 후 발아가 되기 전까지는 흙이 마르지 않도록 합니다.

15~21℃

비트가 잘 자라는 온도는 15~21℃입니다. 선선한 기후를 좋아하며, 추위에 강하나 고온에 약합니다.

파밍순의 관리팁

① 비트 심기

깊이가 20cm 이상인 화분을 준비합니다. 일반적인 원예용 상토나 배양토를 이용합니다.

비트 씨앗은 발아하기까지 약 8~12일 정도가 걸립니다. 발아는 잘 되는 편이며, 바로 심는 것보다는 씨앗을 하루 정도 물에 불려 심는 것이 도움이 됩니다. 특이하게도 한 립으로 보이는 비트 씨앗에서 보통 2~3개의 싹이 나오므로 본잎이 3~4매 정도 나왔을 때 한 번, 6~8매 정도 나왔을 때 한 번 솎아냅니다.

씨앗을 심고 나서 싹이 틀 때까지는 흙이 마르지 않도록 물을 자주 주는 것이 좋습니다. 싹이 튼 후에는 성장에 방해가 되지 않을 정도만 남기고 솎아냅니다. 이때 비트 간의 간격은 10cm 정도를 유지합니다.

모종을 심을 경우 파종 후 30일 이내의 모종을 심으세요.

② 관리법

뿌리가 커지기 시작하면 비료가 필요합니다. 밑거름이 잘 되어 있는 텃밭에서는 웃거름을 주지 않아도 되지만, 실내 화분에서 키울 때는 비료를 주는 것이 뿌리가 성장하는 데 도움이 됩니다. 싹이 트고 나서 한 번, 뿌리가 성장하는 시기에 한 번 정도 주며, 일반적인 원예용 복합비료를 사용합니다.

뿌리가 어른 주먹만큼 컸을 때(지름 5cm 이상) 수확을 합니다. 실내에서는 조금 더 작을 때 수확이 가능합니다. 너무 늦게 수확하면 뿌리의 섬유질이 발달하여 맛이 떨어질 수 있어요.

수분이 많고 탐스러운 잎채소

청경채

학명 / Brassica Rapa subsp. chinensis
원산지 / 중국
키우기 난이도 /
반려동물 위험도 / 안전

잎과 줄기가 푸른색을 띠는 청경채는 중국에서 굉장히 인기 있는 채소로 볶음 요리, 쌈채소, 샐러드용으로 많이 이용됩니다. 칼슘, 칼륨, 비타민A·C와 면역력을 향상에 도움을 주는 베타카로틴이 풍부하게 함유되어 있어 몸이 피곤할 때 먹으면 좋은 효과를 볼 수 있는 채소입니다.

햇빛을 좋아해요

햇빛을 좋아하는 식물입니다. 베란다나 거실의 빛이 잘 드는 곳이 적합합니다.

과습에 주의해요

흙이 마른 것을 확인한 후에 물을 주고, 장마철에는 과습하지 않도록 관리합니다.

15~23℃

싹이 트는 온도는 15~20℃이며, 적정 생육 온도는 15~23℃입니다.

파밍순의 관리팁

① 청경채 심기

청경채를 심을 용기와 흙, 씨앗을 준비합니다. 화분은 깊을 필요는 없고, 약 10cm라면 충분합니다. 흙은 일반적인 원예용 상토나 배양토를 사용합니다.

화분에 2/3 정도 흙을 채우고, 약 1cm 정도 깊이의 씨앗 구멍을 냅니다. 씨앗을 2~3립씩 넣고 흙을 얇게 덮습니다. 씨앗을 심고 나면, 흙과 씨앗이 촉촉하게 젖도록 물을 줍니다. 이 때 씨앗이 휩쓸리지 않도록 조심합니다. 약 1개월 정도가 지난 후에 원예용 알비료나 액체비료로 웃거름을 줍니다.

싹이 트기 시작하면 청경채의 상태를 확인하여 생육이 좋지 않은 개체부터 솎아내어 점차적으로 포기 간격을 넓혀가며 청경채가 클 수 있는 공간을 넉넉하게 줍니다.

② 병해충 관리

청경채에 쉽게 생기는 병해충은 진딧물, 배추좀나방과 무름병, 노균병 그리고 칼슘결핍증입니다. 청경채의 잎에 구멍이 생겼다면 즉시 잎의 뒷면을 확인하여 해충의 유무를 확인합니다. 고온 건조한 시기에는 칼슘 결핍이 나타날 수 있으며, 배수가 불량하면 쉽게 병이 생기므로 물 관리를 잘 해야 합니다.

오랫동안 수확이 가능한

부추

학명 / Allium tuberosum
원산지 / 동북아시아
키우기 난이도 /
반려동물 위험도 / 주의

부추는 백합과에 속하는 여러해살이풀로 한 번 파종하면 여러 해 지속적으로 싹이 돋아 자랍니다. 성질이 따뜻하고 비타민A와 C가 풍부하며 마늘과 비슷한 강장(強壯)효과가 있는 채소입니다. 약간의 매운맛과 신맛, 특유의 향이 나는 것이 특징이며, 봄에 처음 올라오는 부추가 가장 연하고 맛이 좋습니다.

 **음지에서도 잘 자라요**

많은 빛이 필요하지 않아 음지에서도 잘 자라지만, 빛을 충분히 보여주는 것이 좋습니다.

 **물이 많이 필요해요**

물을 많이 필요로 하므로 충분히 물을 주되, 과습에 주의합니다.

 **18~20℃**

싹이 트고, 잘 자라는 온도는 18~20℃이며, 최소 5℃ 이상이 되어야 합니다.

파밍순의 관리팁

① 부추 심기

부추는 한 번 심으면 오랫동안 재배가 가능하므로 이를 감안하여 화분을 선택합니다. 보통 옆으로 긴 직사각형의 화분이 적합합니다. 화분에 흙을 채우고 5cm 정도의 간격으로 줄뿌림 합니다. 씨앗이 작기 때문에 흙은 최대한 얇게 덮습니다. 씨앗을 심고 나면, 싹이 틀 때까지 흙이 마르지 않도록 물을 충분히 줍니다.

모종을 심을 경우, 뿌리가 다치지 않도록 조심하여 5cm 이상의 간격으로 화분에 심습니다. 모종에 원래 붙어 있는 흙의 높이까지 흙으로 살살 덮고 흙이 충분히 젖도록 물을 줍니다.

심어 놓은 부추가 자리를 잡은 후에는 일주일 간격으로 물을 주는 것이 좋으며, 물이 부족하여 건조하면 성장이 느려지고 섬유질이 많아져 식감이 좋지 않습니다. 다만, 과습으로 뿌리가 썩지 않도록 주의합니다.

② 수확

전체 잎 길이의 80% 정도가 약 25cm가 되었을 때 지면으로부터 3cm가량 남겨두고 수확하며, 그 후에는 이전에 자른 부분에서 약 1.5cm 위를 잘라 수확합니다. 수확을 한 후에는 꼭 물과 비료를 줍니다.

Part 5

그리고
더 궁금할 수 있는 질문들

지금까지 실내 식물생활에 필요한 기본적인 지식과 그리고 관엽식물/허브/채소별로 집에서 키울 수 있는 식물들에 대해 알아봤어요. 이번 파트에서는 '물은 꼭 주기적으로 주어야 할까?', '식물등은 얼마나 오래 켜놓아야 할까?' 등 식물별, 상황별로 헷갈리는 것들에 대해 함께 알아보아요.
이 외에도 궁금한 점이 생긴다면 파밍순 인스타그램, 블로그, 밴드 등에서 언제든 질문해주세요!

✓ **농자재,원예용품을 구매할 수 있는 파밍순마켓**
http://fmsoon.com/ 또는 네이버 '파밍순마켓' 검색

✓ **인스타그램**
https://www.instagram.com/farmingsoon_club/

✓ **블로그** : https://blog.naver.com/knwebmaster

✓ **밴드** : https://band.us/@farminginfo

파밍순 Q&A

파밍순 SNS를 통해 구독자들에게 받은 식물 관련 상담 질문 중,

초보 식물 집사들에게 도움이 될 질문을 엄선했습니다.

Q 물은 꼭 주기적으로 주어야 하나요?

A 파밍순 :

사람도 각자 목마른 시간이 다르듯, 같은 식물이라도 물을 주는 주기는 모두 다릅니다. 일반적으로 알려져 있는 '1주일에 한 번씩, 물받침이 넘치도록'은 사실 어떤 식물에게는 맞고, 어떤 식물에게는 틀릴 수도 있는 얘기인 것이죠. 이는 같은 식물이라도 살고 있는 환경이나 식물의 특성에 따라 물을 사용하는 속도가 천차만별이기 때문입니다.

식물은 뿌리로 물을 흡수하여 잎으로 내뿜는데, 보통은 1) 햇빛이 강하고, 2) 바람이 잘 통하고, 3) 온도가 높으면 물을 더 빠르게 소비하게 됩니다. 이를 고려하지 않고 그냥 정해놓은 시기에 물을 줄 경우, 물이 이미 충분한 식물이라면 과습을 경험할 수도 있습니다.

그럼 물을 줘야 하는 시기를 정확히 아는 것은 불가능할까요? 100%는 아니지만 대략적으로 확인할 수 있는 방법은 있습니다.

1 / 시중의 화분 수분측정기를 사용해보세요. 흙에 꽂은 후, Dry 표시가 나온다면 물 주는 타이밍이라고 할 수 있습니다. 비교적 정확하지만, 비용 부담이 있고 기계의 수명이라는 한계도 있습니다.

2 / 나무 막대를 화분의 흙에 꽂아 물 주는 시기를 확인해도 좋습니다. 약 2cm 깊이에 몇 초간 꽂아둔 후 뽑았을 때 흙이 전체적으로 묻어있다면 아직 물

이 충분한 것, 흙이 끝에만 묻어있다면 물을 줘야 하는 것으로 판단할 수 있습니다.

3 / 또는 식물(화분 포함)에 물을 흠뻑 준 후의 무게와 주기 전의 무게를 기록해보세요. 주기 전의 무게에 근접할 때마다 물을 주면 됩니다.

Q 식물등은 얼마나 오래 켜놓아야 할까요?

A 파밍순 :

실내 식물에게 빛을 공급하는 식물등. 많이들 사용하시나요? 결론부터 말씀드리자면, 식물등을 켜놓아야 하는 시간을 정확하게 딱 잘라 말할 수는 없습니다. 각 집에 들어오는 하루 햇빛의 양과 키우려는 식물의 종류에 따라 필요한 빛의 양이 천차만별이기 때문이죠. 그래도 대략적인 필요 시간은 다음과 같습니다.

일반적으로 식물은 안정적인 광합성을 위해서 하루 최소 약 10시간 이상의 빛이 필요해요. 일부 식물등 관련 해외자료에서는 약 12~14시간의 빛이 식물에 좋다고도 합니다. 우리 집 식물이 있는 공간의 자연광 상황을 파악하여 이 시간을 채워주세요.

그럼 실내 식물등을 구매할 때 고려해야 할 것은 무엇일까요?

1 / 목적에 따른 식물등의 파장을 확인하세요.

빛은 모두 파장(nm)을 가지고 있는데, 이 파장별로 식물에게 끼치는 영향이 모두 다릅니다. 보통 식물의 광합성에 가장 도움이 되는 파장은 260~780nm 정도라고 알려져 있어요. 각 식물등의 포장재에 지원하는 파장에 대한 정보가 나와있으니 참고해서 구매합니다.

2 / PPFD(광량자속밀도)를 확인하세요.

광량자속밀도란 단위 면적에 시간당 떨어지는 광량자의 개수를 뜻해요. 쉽게 말하면, 실제로 물체에 도달하는 빛의 양을 수치화한 것입니다. 식물등에 표시된 PPFD가 50umol/m2s라면, 약 1제곱미터의 공간에 50개의 광량자가 도달한다는 뜻이에요. 이 수치가 높을수록 도달하는 빛의 양이 많다는 뜻입니다.

3 / 키우는 식물과의 궁합

스펙도 좋지만, 결국은 키우는 식물에 가장 적합한 스펙의 식물등을 고르는 것이 좋습니다. 선인장의 경우는 높은 PPFD가 필요하지만, 푸른 채소류와 보스톤고사리 등의 음지식물은 PPFD가 낮은 것을 좋아합니다. 또 식물의 잎에 쬐는 빛의 세기가 커질수록 광합성의 속도가 함께 증가하게 됩니다. 식물마다 광합성에 필요한 빛의 최소 세기와 최대 세기가 다른데, 이를 광보상점과 광포화점이라고 합니다. 예를 들면, 로즈마리의 경우 15PPFD에서 광합성을 시작해서 490PPFD에서 느려진다고 알려져 있습니다.

4 / 기타

이외에도 식물등의 디자인 취향과 소비전력을 잘 확인해서 우리 집 식물에 가장 적합한 식물등을 선정합니다.

Q 우리 집 식물의 잎 색이 왜 이럴까요?

A 파밍순 :

식물을 키우다 보면, 딱히 잘못된 게 없는 것 같은데도 잎이 변색되거나 시드는 증상을 많이 겪게 됩니다. 식물을 키우면서 나오는 여러 증상들은 사실, 한 가지 이유보다는 여러 가지가 복합적으로 얽혀 일어나는 경우가 많습니다. 그래서 각각의 증상들을 잘 살펴본 후 복합적인 해결책을 시도하는 것이 좋아요.

그중에서도 식물이 필요로 하는 영양소와 그 영양소가 없을 때의 증상을 대략적으로 알아볼게요. 식물에게 필요한 영양소는 크게 16가지를 꼽을 수 있는데, 그중에서도 많이 필요한 영양소는 아래와 같습니다.

1 / 질소와 인

질소는 식물의 잎을 크게 만들어주는 영양소로, 식물의 생육 초기에 꼭 필요한 요소입니다. 인은 식물의 세포 분열과 광합성 속도를 올려주고 꽃과 열매의 크기를 키워주는 역할도 합니다. 그렇기 때문에 질소와 인이 부족할 때는 잎의 크기가 작아지거나 노랗게 되는 현상이 발생합니다.

(해결) 질소나 인 전용 비료를 시비하거나, 커피 찌꺼기를 흙에 첨가해 질소를 보충할 수 있습니다.

2 / 칼륨과 칼슘

칼륨은 탄수화물의 합성을 돕는 영양소로 열매의 크기와 뿌리를 튼튼하게 하는 역할을 합니다. 칼슘은 식물의 전체적인 성장과 발전을 돕는 역할을 합니다. 이 두 요소가 부족할 때는 잎이 노랗게 변하고 꽃과 과일이 미성숙된 채로 떨어지기도 합니다.

(해결) 2cm 정도의 바나나껍질을 흙에 묻어두면 칼륨을, 잘게 부순 달걀껍데기를 묻어두면 칼슘을 보충할 수 있습니다.

3 / 마그네슘과 황

마그네슘은 칼슘이 옮긴 이산화탄소를 엽록소에 공급해 식물의 광합성 작용을 돕는 역할을 합니다. 황은 식물의 산도 조절 역할과 함께 엽록소, 아미노산, 단백질을 생성하는 역할을 합니다. 이 두 요소가 부족할 때는 잎의 색이 황록색으로 변하거나 갈색 점이 생기기도 합니다.

(해결) 물주기 전, 마그네슘 전용 비료를 흙 위에 뿌려주면 좋습니다.

Q 화분에 생긴 곰팡이를 어떻게 해야 할까요?

A 파밍순 :

화분 표면에 흰 곰팡이나 버섯이 생기는 경우가 종종 있어요. 심지도 않은 곰팡이는 왜 생기는 걸까요?

곰팡이나 버섯은 1) 습하고 따뜻한 곳, 2) 바람이 잘 통하지 않는 흙 또는 장소, 3) 오랫동안 방치된 흙 또는 비료 등의 환경에서 가장 많이 생겨요. 또는 흙의 비료 성분이 과하게 많은 경우에도 발생할 수 있어요.

실내에서 키우는 화분에 많이 생기는 곰팡이와 버섯 종류는 다음 세 가지입니다.

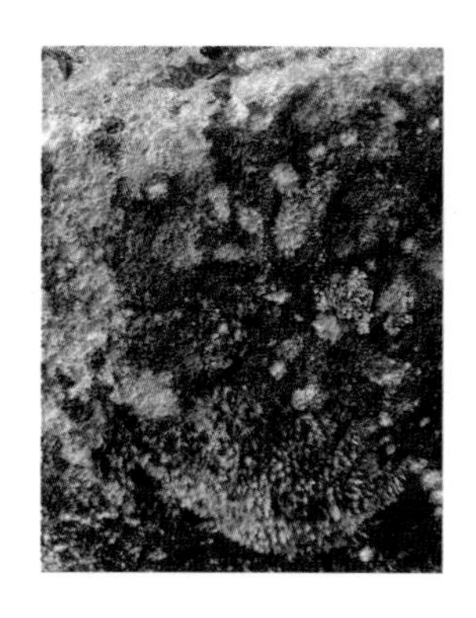

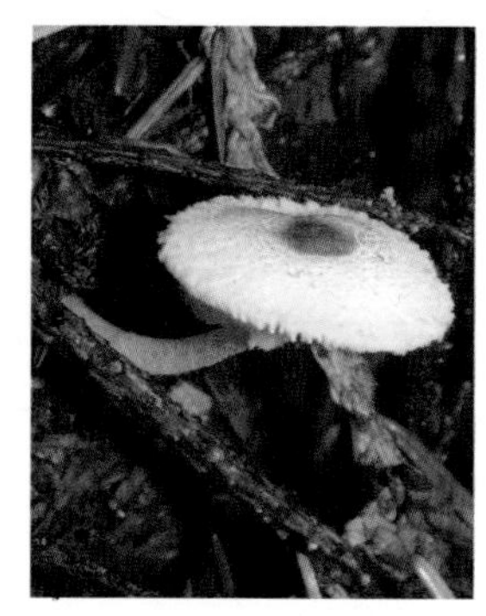

1 / **흰색 곰팡이**: 부패한 상토 또는 습한 환경에서 많이 생겨나는 흰색 미생물이에요.

2 / **노란각시버섯**: 여름부터 가을 사이에 화분 등에 많이 발생하는 버섯. 난 화분이나 실내 온실의 부엽토에서 많이 발생해요.

3 / **갈색중심각시버섯**: 마찬가지로 여름부터 가을에 많이 발생하는 버섯으로, 점점 편평하게 자라고 중앙은 크게 돌출하는 형태를 보여요.

이들 곰팡이와 버섯은 유기물 분해 등의 이로운 역할도 하지만, 식물의 미관을 해치고 식물 집사의 호흡기에도 안 좋을 수 있으니 제거하는 것이 좋아요.

곰팡이와 버섯 제거 방법

먼저, 흙을 일부 또는 통째로 갈아야 합니다. 이미 반갑지 않은 손님이 온 적이 있는 화분이라면 다시 버섯이 자라고 곰팡이가 필 확률이 높아요. 그래서 가장 확실한 방법은 화분의 흙을 통째로 갈아주는 것이에요. 식물 뿌리에 붙은 흙들도 모두 털어서 균이 유입되는 것을 막아야 합니다.

그리고, 환경을 천천히 바꿔주세요. 고온다습한 환경을 바꾸거나 통풍을 조금 더 신경 쓰면 앞으로의 곰팡이를 막을 수 있어요. 화분의 위치를 실외로 옮기거나, 실내에 선풍기를 설치해서 환기를 시키는 것이 좋아요. 번식이 진행되는 곰팡이에게는 햇빛과 공기 순환이 효과가 있기 때문이에요.

과산화수소도 유용합니다. 시중의 곰팡이 제거제를 뿌려도 되지만, 과산화수소와 물의 비율을 1:10 정도로 섞어 곰팡이가 자라는 부분 또는 흙 표면에 뿌리면 곰팡이 제거에 효과적이에요.

Q 뿌리파리는 어떻게 없애나요?

A 파밍순 :

뿌리파리는 주로 식물의 뿌리에 알을 낳고 곰팡이 또는 유기물을 먹고 자라는 작은 파리입니다. 뿌리파리는 알에서부터 약 20일만에 성충으로 자라나는데, 이 기간이 짧고 토양 속의 유충을 없애는 것도 어려워 완전히 박멸하기 굉장히 어려운 해충이에요.

특히, 뿌리파리 유충은 흙 속의 식물 뿌리를 갉아먹고 상처를 입혀 뿌리에서 잎으로 가는 수분과 영양분이 적어져요. 실내 공간 또는 토양의 습도가 높아지면 급속도로 퍼지는 습성 또한 가지고 있어요. 그럼, 뿌리파리는 어떻게 없앨 수 있을까요?

1 / 뿌리파리 성충 제거

아주 작아서 손으로 잡기가 어려우므로, 식물 주변에 끈끈이 트랩을 설치합니다. 식물 주위의 날아다니는 해충을 효과적으로 잡을 수 있어요.

2 / 토양 속 뿌리파리 유충 제거

친환경 유기농업자재 살충제를 이용합니다. 진딧물을 잡는 친환경 농자재류 또는 토양 미생물을 활용해 유충을 제거하는 농자재를 활용하면 좋아요.

3 / 뿌리파리가 싫어하는 환경

뿌리파리는 습한 환경을 좋아하기 때문에, 화분이 쬐는 햇빛의 양을 늘리고 환기를 시켜 토양을 건조하게 유지해 주세요. 곰팡이가 피었을 때는 즉시 제거하고, 과습 방지를 위해 정해진 양의 물만 줍니다.

Q 시중의 해충 제품은 농약 성분 때문에 걱정돼요. 친환경 해충 퇴치제를 만들 수 있나요?

A 파밍순 :

부지런한 가드너들은 농약 성분이 들어간 해충 퇴치제를 사용하지 않고 직접 친환경 해충퇴치제를 만들어 쓰기도 합니다. 또는 '유기농업자재' 등록을 받은 친환경자재를 사용하기도 하지요. 이 자재들은 환경 친화적이지만 기존의 다른 약과 함께 사용했을 때는 오히려 식물에게 해가 될 수도 있기 때문에 사용법을 꼼꼼히 확인해 보는 것이 좋습니다.

1 / 대표적인 천연 살충제 – 난황제 만들기

난황유는 천연 살충제를 이야기할 때 빼놓지 않고 등장하는 가장 유명한 천연 살충제 중 하나입니다. 식용유와 계란 노른자를 이용해서 만듭니다. 텃밭 작물들의 병을 예방하거나 진딧물이나 응애 같이 작은 해충을 방제하는 데 효과가 있습니다.

01. 물 한 컵에 계란 노른자를 넣고 2~3분간 믹서기로 갈아서 섞습니다.

02. 계란 노른자 물에 식용유를 첨가하여 다시 믹서기로 3~5분간 섞습니다.

03. 만들어진 난황유를 물에 희석해서 작물에 골고루 묻도록 살포합니다.

※ 병 발생 전(0.3% 난황유): 식용유 60㎖, 계란 노른자 1개, 물 20ℓ

※ 병 발생 후(0.5% 난황유): 식용유 100㎖, 계란 노른자 1개, 물 20ℓ

난황유를 농작물에 일주일 간격으로 뿌려주면 매우 효과적입니다. 병이 발생하기 전에는 예방 차원에서 0.3% 난황유를 10~14일 간격으로, 병이 발생한 후에는 0.5% 난황유를 5~7일 간격으로 작물에 살포하면 좋습니다. 잎의 앞·뒷면에 골고루 묻도록 충분한 양을 살포하세요.

난황유는 진딧물이나 총채벌레 등의 해충뿐만 아니라 흰가루병에도 효과적입니다. 다만 난황유를 오이 등의 새순에 과량으로 살포하면 생육이 억제될 수 있고, 꿀벌 등 익충에게도 피해를 줄 수 있으므로 주의해야 합니다.

2 / 은행잎을 이용한 해충 기피제 만들기

01. 은행잎 1㎏을 적당량 물을 부어가면서 믹서기로 곱게 갑니다.

02. 갈아낸 은행잎을 거즈나 보자기에 싸서 짭니다.

03. 짜낸 즙을 분무기에 넣고 석회보르도액 2컵 반을 추가해 즙과 잘 섞습니다.

이렇게 만든 기피제를 식물의 잎에 골고루 뿌립니다. 이때 잎의 뒷면에도 충분히 약제가 묻도록 합니다. 그리고 병해충이 발생하기 전에 예방 차원으로 자주 뿌리면 더 효과가 좋습니다.

3 / 진딧물과 응애 퇴치에 좋은 비누 살충제

오래 전부터 이용되어 온 비누를 이용한 살충제는 진딧물이나 응애 방제에 효과적입니다. 살충 효과가 있는 것은 일반 비누와 칼륨 비누(연성비누)로, 보통 물비누를 많이 이용합니다. 천연 유지와 수산화칼륨(가성가리)로 물비누를 직접 만들어 쓰거나, 주방용 물비누 등을 구입해서 사용할 수 있습니다. 다만 일반 물비누는 합성 계면활성제 등이 들어 있는 합성 세제가 대부분이므로 주성분이 천연 유지와 수산화칼륨인지를 확인하여야 합니다.

살충 비누는 1~2 티스푼의 물비누를 1ℓ의 미지근한 물에 잘 섞어 분무기로 살포하면 됩니다. 비눗물을 맞은 해충은 세포막이 녹아 죽게 됩니다. 다만, 너무 고농도로 뿌리게 되면 작물의 왁스 층이 파괴되어 해를 입을 수 있으므로 주의하세요.

Q 잎과 줄기가 축 처지는 원인은 무엇인가요?

A 파밍순 :

잎과 줄기가 갑자기 축 처지는 경우, 대부분은 물이 부족한 것이 원인입니다. 사람 또는 일부 동물이 새로운 영양분을 섭취하지 않을 경우 이미 몸에 저장한 영양분을 사용하듯이, 식물 또한 물이 부족할 경우에는 자신의 몸 안의 수분을 사용합니다. 이 과정이 갑작스럽게 진행될 경우, 물이 과도하게 빠져나가게 되고 잎과 줄기에 영향이 가는 것이지요. 갑자기 우리 집 식물의 잎과 줄기가 처진다면, 앞서 나온 물마름 확인 방법을 통해 화분 흙을 확인해보세요. 물을 주면 대부분 예전의 모습으로 돌아온답니다.

드물게는 빛이 부족할 경우에도 이러한 현상이 일어날 수 있습니다. 이는 웃자람(식물의 줄기 또는 잎이 지나치게 길고 연하게 자라는 것) 현상으로 인해 발생하는 문제입니다. 식물은 빛이 부족한 환경에서는 빛을 더 받아내기 위해 줄기를 길게 키우는 경향이 있기 때문입니다. 이 경우 잎 또는 줄기의 크기가 과도하게 커져 무게를 견디지 못하고 처지게 됩니다. 이를 방지하기 위해서는 지주대를 이용해 식물을 받치거나 웃자란 줄기 또는 잎을 제거하면 됩니다.

Ⓠ 새순이 돋았다가 노랗게 변하면서 바로 떨어지는데, 어떻게 하면 좋을까요?

Ⓐ 파밍순 :

식물의 잎이 노랗게 변하는 원인은 여러 가지가 있습니다. 한 가지 원인일 수도 있고 여러 가지가 복합적으로 맞물려 일어나는 것일 수도 있습니다. 예상되는 원인은 아래와 같습니다.

1 / 햇빛 부족

햇빛이 전혀 들지 않는 환경에서 식물등으로만 빛을 공급하거나 아예 키우는 곳이 빛이 부족할 경우, 식물에 따라 영향이 있을 수도 있습니다. 디펜바키아 등 햇빛이 많이(800~10,000Lux 이상) 필요한 식물인지를 파악해 실내의 빛이 잘 들어오는 거실이나 방으로 식물을 옮겨 주세요.

2 / 영양분 부족

영양분이 부족하면 먼저 식물의 잎맥 주변부터 색이 변하여 전체적으로 노랗게 변합니다. 오래된 잎부터 서서히 물듭니다.

3 / 뿌리 문제

뿌리를 확인하여 화분이 비좁거나 뿌리가 검은색 또는 갈색으로 변했을 경우에는 변한 부분을 조심해서 제거한 후 분갈이를 합니다.

Q 겨울에 식물을 키우기 위해 어떤 것을 준비해야 할까요?

A 파밍순 :

우리가 실내에서 키우는 대부분의 식물은 따뜻한 곳에서 왔기 때문에, 우리나라의 추운 기후에 적응하기 어려운 경우가 많습니다. 이 때문에 겨울철에는 식물을 조금 더 특별하게 관리해주어야 합니다.

1 / 식물의 특성과 월동 온도 파악

각 식물은 월동이 가능한 온도가 대략적으로 정해져 있는 경우가 있습니다. 적도와 가까운 곳이 원산지인 열대작물인 경우 월동 가능 온도가 높은 경우가 많기 때문에 따뜻한 곳으로 옮겨주는 것이 좋습니다.

2 / 실내 환경 점검

월동 가능 온도를 확인했다면 현재 식물이 자라고 있는 실내 환경을 파악합니다. 같은 실내 공간이라도 약간의 차이가 식물에게는 크게 다가올 수 있기 때문입니다. 장소를 옮기기로 결정했다면, 공간의 온도와 빛을 세심하게 확인해주세요. 갑작스럽게 변화가 발생할 경우, 민감한 식물은 잎이 떨어지거나 노랗게 변할 수도 있습니다.

3 / 겨울의 물주기

겨울철에는 물이 증발하는 속도가 느려져 흙이 천천히 마르기 때문에 물을 주는 주기를 늦춰야 합니다. 보통 물 증발 속도가 빠른 봄에서 가을에는 겉흙(흙 표면에서 10% 깊이)이 말랐을 때 물을 주지만, 겨울에는 조금 더 깊은 흙이 마른 것을 확인하고 물을 줍니다. 나무 막대를 흙 깊은 곳에 넣고 5분이 지난 후 뽑아보세요. 막대가 충분히 말랐을 경우 물을 주면 됩니다.

우리 주변 보통의 식물집사들

파밍순의 구독자 중에서는 각자의 식물 생활을 다채롭게 가꾸어나가는 분들이 많습니다. 이 분들은 어떻게 식물을 처음 키우게 되었고, 어떤 어려운 점을 겪었을까요? 파밍순이 식물집사 구독자 님들을 인터뷰한 내용을 전합니다. 독자 여러분도 식물을 키우는 것을 망설이고 있다면, 먼저 식물을 가꿔온 우리 주변의 가드너들의 이야기를 주의 깊게 들어보신 후 용기를 얻어 보세요.

생활기록자 님의 식물 생활 (less_but_enough)

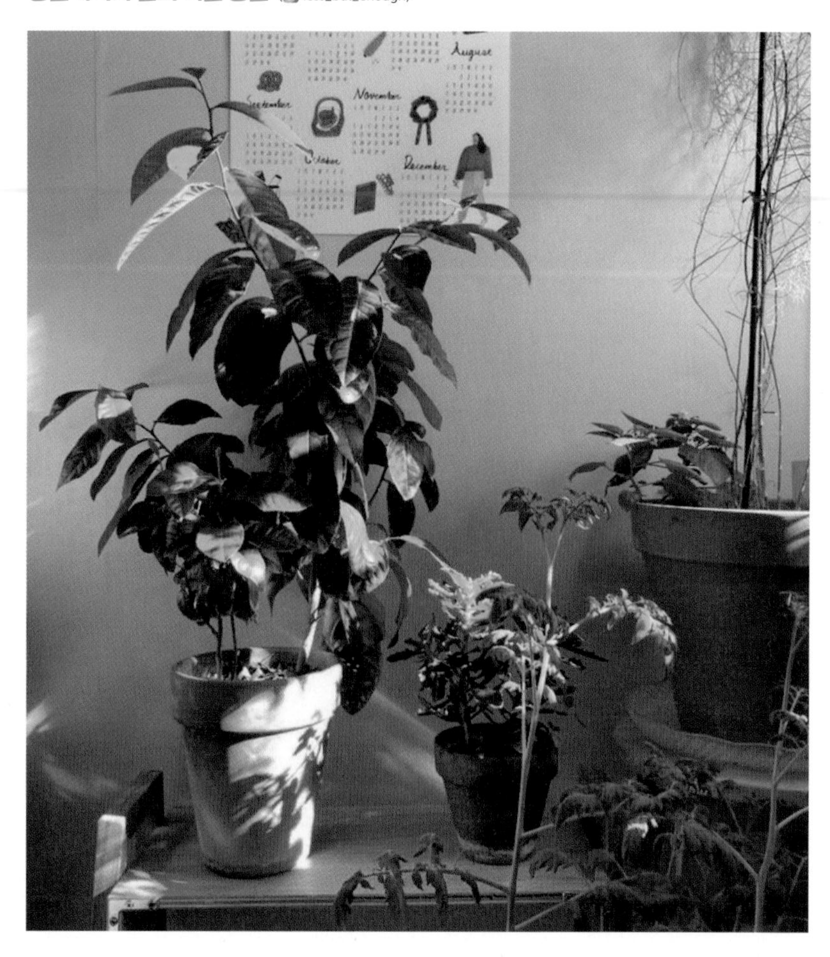

Q 어떤 계기로 식물을 처음 키우게 되셨나요?

A 어린 시절 마당이 있는 집에 잠깐 살았어요. 너무 낡아 금방이라도 쓰러질 것 같은 집이었지만, 그 마당에서 자라던 꽃과 나물 그리고 채소들이 춥고 불편했던 기억을 덮어서 햇빛을 받아 반짝이는 식물들만 추억에 남아 있습니다. 그 기억 때문에 식물을 항상 키우고 싶었지만, 빛이 잠깐씩 들어오는 원룸에서는 식물을 키우기가 쉽지 않았습니다. 그러다 작년에 20년 넘는 자취생 인생 처음으로 정남향 집으로 이사를 왔고, 전에 살던 집들과 다르게 물만 줘도 식물이 잘 컸습니다. 잘 자라는 모습을 보니 흥이 나서 본격적으로 이것저것 키우기 시작했어요.

Q 가장 애착이 가는 식물의 종류와 그 이유는?

A 어릴 적 마당 한쪽에 키우던 작은 토마토 화분을 좋아했어요. 초록색 토마토가 붉게 변하기 시작하면 '조금만 더, 조금만 더' 하면서 붉게 변하기를 기다렸다가 참지 못하고, 반쯤 붉어졌을 때 톡! 따서 먹었던 기억이 있습니다. 토마토를 따고 나면 손끝에 푸릇한 냄새가 남았는데, 그 냄새를 토마토 꼭지 냄새라고 불렀습니다.

지금도 거실에서 방울토마토를 키우고 있어요. 방울토마토를 키워서 먹을 수 있다는 것도 기쁜 일이지만 내가 좋아하는 신선한 토마토 꼭지 냄새를 언제나 맡을 수 있다는 게 참 좋습니다. 한해살이라서 오래 키울 수는 없지만, 내가 키운 방울토마토에서 나온 씨앗을 흙에 심고 그 싹을 잘 키워 릴레이 하듯이 방울토마토를 키우고 있어요. 처음 키웠던 방울토마토를 1대라고 한다면 지금은 3대째 키우고 있는 셈입니다.

Q 식물을 키우면서 가장 좋았던 점과 어려웠던 점을 알려주세요.

A 식물을 본격적으로 키우기 시작하면서 매일 자라는 모습을 관찰하는 게, 때로는 멍하니 바라보는 게 좋았습니다. 멀리 가지 않아도 내 공간이 초록색으로 가득해서, 그 가운데 앉아있으면 산책하다 길가 벤치에 앉아 조용한 풍경을 바라보는 것처럼 마음이 편안해 졌어요. 식물들을 바라보고 거기에 집중하고 나면, 불편한 마음들도 별일 아닌 것처럼 느껴졌습니다. 지금 식물을 점점 더 많이 키우게 된 이유이기도 해요.

어려웠던 점은 작년에도 올해도, 아마도 평생, '물주기'일 것 같습니다.

Ⓠ 처음 식물을 키우는 초보집사들에게 식물을 추천해 주신다면?

Ⓐ 빛이 잘 들지 않던 나의 자취방에서 죽지 못해 살아 남아 지금은 폭풍성장 중인 식물이 있어요. 외국인 친구가 한국을 떠나며 부탁한 형광 스킨답서스입니다. 그 시절 나의 식물 키우기를 생각해 보면 기분이 나면 하루 걸러 물을 주기도 하고, 또 가끔은 매일 주기도 하고, 겨울에는 죽은 것 같아 몇 달을 물을 안 주기도 했습니다. 그런데도 죽었나? 싶을 때쯤 나보다 먼저 봄이 온 걸 알고 귀신같이 새싹이 나왔어요. 지금 생각해 보면 전 엄청난 똥손이었는데, 빛이 부족한 내 자취집 탓을 했던 것 같습니다.

초보 식물 집사가 실수를 연속으로 해도 끈질긴 생명력으로 살아 남아 초록빛 희망을 주는 스킨답서스부터 시작해 보길 추천해요. 형광, 엔젤, 엔조이, 마블 스킨답서스 등 다양한 종류가 있어 취향에 맞게 선택할 수 있어요.

Q 식물을 키우고 싶어하는 사람들에게 해주고 싶은 말이 있나요?

A 작은 빛이라도 드는 공간이 있다면 화분 한 개로라도 시작해 보세요. 전 그곳에서부터 어려움을 이겨낼 수 있는 일상의 행복을 알게 됐어요. 식물을 키우기 전에는 길을 걸으면서 만나는 초록은 풀, 형형색색은 꽃, 갈색은 나무 기둥이었다면, 지금은 바위 틈새에 난 풀들도 제각각 개성있는 모양과 무늬를 뽐내고 있다는 걸 알게 됐어요. 자세히 보지 않으면 눈에 띄지 않는 그 풀의 모양이 너무 가냘프고 귀여워서 속으로 춤을 추며 산책을 이어나가요. 길을 걷다가 발견한 마음에 드는 풀 한 포기가 행복의 작은 점이라면, 집 앞 몇 걸음의 산책에도 작은 행복이 쭉 이어져요. 한 걸음 한 걸음 쌓은 행복이 쉽게 상처받던 제 마음을 튼튼하게 만들어 줬어요.

Q 앞으로 도전해보고 싶은 식물이 있으신가요?

A 곧 크리스마스라서 생각나는 게 있어요. 지난 겨울 산책하다가 빨간 열매가 달린 앙상한 나무가 있길래 낙상홍인가, 하고 가져와 심었는데 아쉽게도 찔레였어요. 겨울에 빨간 열매가 쪼르륵 달린 모습이 크리스마스 트리만큼 예쁜 낙상홍을 내년에는 꼭 키워 보고 싶습니다. 낙상홍의 초록잎을 보며 겨울에 달릴 빨간 열매를 기다린다면, 사계절 중 제일 싫어하는 겨울을 조금은 좋아할 수 있을 것 같아요.

Q 파밍순 팀에게 바라는 점을 알려주세요!

A 밭에서 잡초라고 뽑혀나가고, 화단에서는 더 화려한 꽃들에 묻혀 인정을 못 받는 들꽃과 풀들. 길가에서 흔하게 자라는 풀들도 하나하나 독특한 생김이 있고, 매력이 있다고 생각해요. 이름이 궁금한데 검색을 통해 알아내기 어려웠습니다. 그래도 결국에는 이름을 알 수 있었던 건, 비슷한 시기에 같은 식물의 모습에 매력을 느끼고 인터넷에 글을 올리는 분들을 통해서 입니다. 이럴 때 식물을 좋아하는 분들의 마음은 비슷하구나 느끼는데, 파밍순 팀 분들이 조금은 소외되어 왔던 계절별로 쉽게 볼 수 있는 들풀, 들꽃을 알려주시면 좋겠습니다.

레이지캠퍼 님의 식물 생활 (lazy__camper)

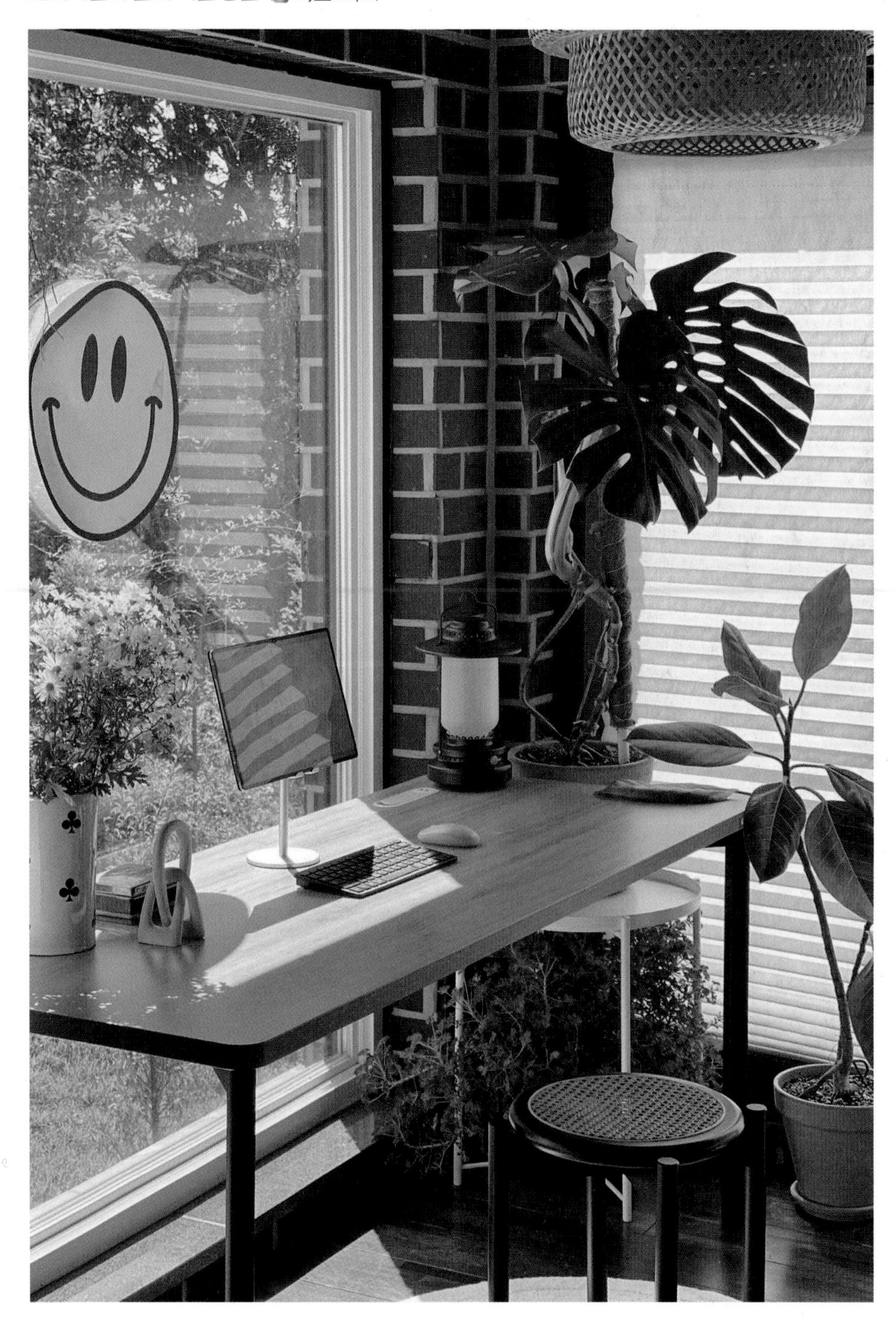

Q 어떤 계기로 식물을 처음 키우게 되셨나요?

A 어릴 때부터 부모님이 식물이 많이 키우셔서 그 모습을 보고 자라다 보니 자연스럽게 좋아하게 된 것 같아요. 용돈을 받으면 꽃집에서 작은 식물들을 한두 개씩 사서 제 방에서 키워보곤 했어요. 그러다 혼자 자취를 하게 되고 나만의 공간이 생기자 식물이 더 좋아졌고요. 결혼 후 주택에 이사온 뒤로는 식물이 없는 삶은 상상할 수도 없네요.

Q 가장 애착이 가는 식물의 종류와 그 이유는?

A 결혼하고 첫 신혼집에 큰맘 먹고 구매한 대형 아가베예요. 신혼집에서는 제대로 관리를 못해줘서 잎도 많이 가늘어지고 비실비실했는데, 한겨울 주택으로 이사하던 도중에 목대까지 부러뜨려서 이걸 어째야 하나 고민이 많았어요. 하지만 결혼과 동시에 데리고 온 식물이라 애착이 많아 남편이 물꽂이를 시도했는데 다행히 뿌리가 나기 시작했습니다.

아가베를 다시 화분에 옮겨 심었는데 지금 건강하게 얼마나 잘 자라주는지, 보시는 분들마다 어떻게 이렇게 잘 키웠냐고 물어보실 때마다 저희도 참 신기하고 기특해요.

Q 식물을 키우면서 가장 좋았던 점과 어려웠던 점을 알려주세요.

A 신혼 때부터 지금까지 잘 자라주는 아이들은 보면 너무 뿌듯하고 기분이 좋아요. 반면에 여러 번 도전하지만 자꾸 죽는 아이들을 보면 너무 어렵기도 한 게 식물인 듯하고요.

Q 처음 식물을 키우는 초보 집사들에게 식물을 추천해 주신다면?

A 몬스테라 델리시오사, 호프 셀렘, 스킨답서스입니다.

지금까지 수많은 식물을 사고 죽이고(?), 또 사고를 반복했는데 제가 키워본 식물 중 이 세 가지는 정말 너무너무 잘 자라요. 아주 작은 포트였던 몬스테라와 셀렘은 지금은 초대형 화분이 되었고, 스킨답서스는 정말 조화인가 싶을 정도로 늘 싱싱한 잎을 보여줍니다. 가끔 너무 오랫동안 물주기를 잊어서 살짝 시들할 때도 물만 주면 금세 싱싱해지더라고요.

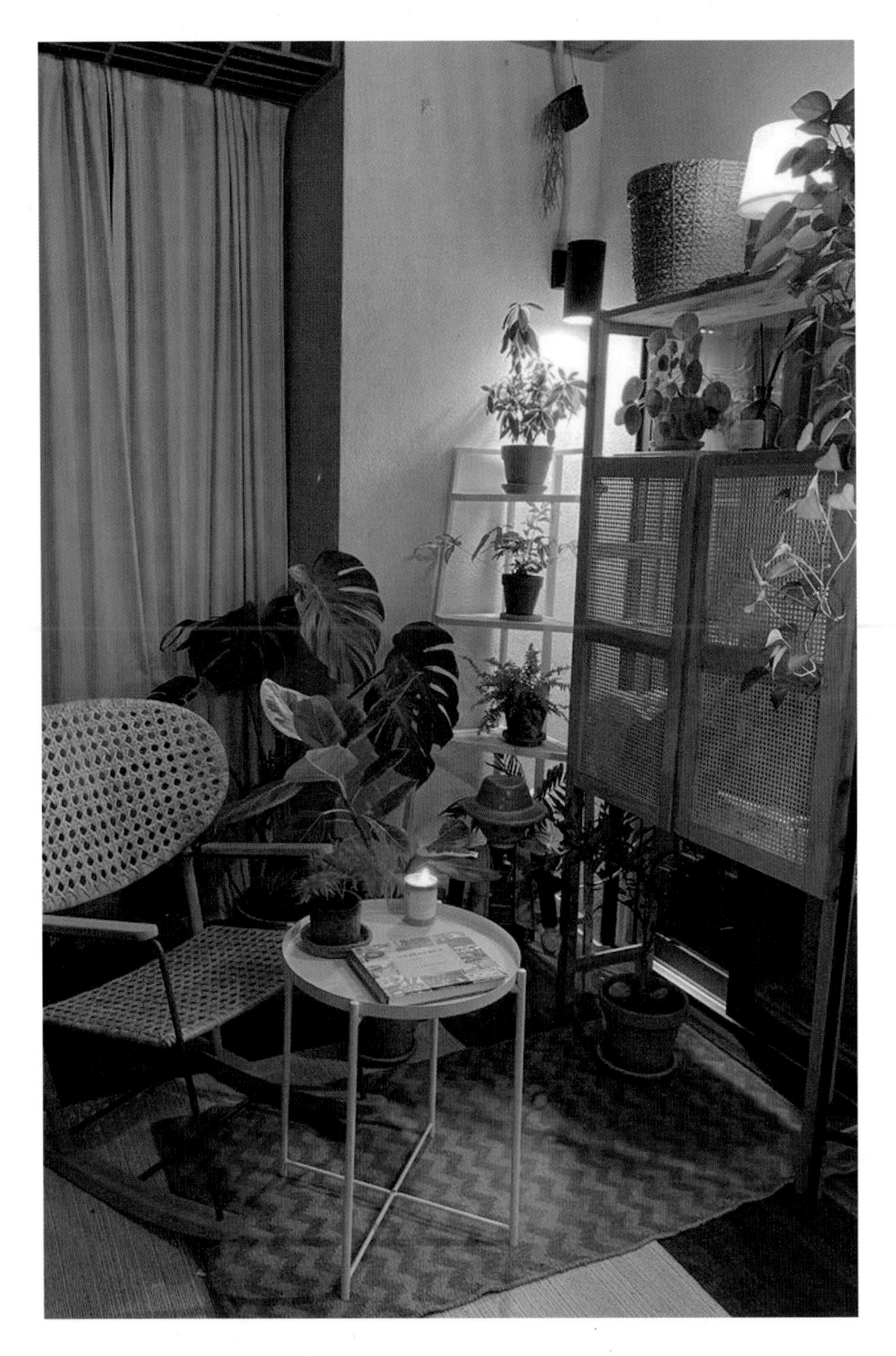

Q 식물을 키우고 싶어하는 사람들에게 해주고 싶은 말이 있나요?

A 초록이 주는 싱그러운 에너지는 정말 사람을 기분 좋게 해주는 듯 해요. 또 삭막한 공간에 작은 식물 하나만으로도 금세 생기가 돌기도 하고요. '나는 늘 식물을 죽여서 못 키워' 하는 분들도 식물 좋아하시면 꼭 여러 번이고 도전해 보시길 추천 드려요. 저도 자취하던 시절엔 늘 식물이 다 죽었는데, 어느 순간 크게 신경 쓰지 않아도 알아서 쑥쑥 잘 자라더라고요.

제 경험으로는 약간 무심한 듯 식물을 돌봐야 하는 것 같습니다. 항상 물을 너무 자주 주는 게 문제였거든요. 그리고 또 무엇보다 환기가 가장 중요한 듯 합니다.

Q 앞으로 도전해보고 싶은 식물이 있으신가요?

A 플라밍고 셀릭스! 배롱나무를 두 그루째 마당에 심었는데 너무 추워서 그런지 저희 집에는 안타깝게도 적응을 잘 못하더라고요. 내년엔 배롱나무 자리에 플라밍고 셀릭스를 심어볼 생각이에요.

Q 파밍순 팀에게 바라는 점을 알려주세요!

A 지금도 인스타로 올라오는 한눈에 보기 좋은 사진과 설명들이 복잡하지 않고 너무 좋아요. 다만 개인적으로 파밍순마켓 스토어가 지금의 모습보다는 파밍순만의 컬러를 입힌 홈페이지와 가드닝 관련 제품, 그리고 인스타에서 잘 정리해주시는 가드닝 팁들도 함께 볼 수 있는 멋진 공간으로 거듭났으면 좋겠어요.

Q 어떤 계기로 식물을 처음 키우게 되셨나요?

A 본격적으로 식물을 키우기 시작한 건 첫 아이가 23개월 때예요. 지금의 집으로 이사 왔을 때 버려진 공간이 있었는데, 그곳을 치우고 정리해서 허브를 키우면 너무 예쁘겠다 생각했어요. 엄마의 도움으로 청소를 하고 페트병에 바질 씨앗부터 뿌렸어요. 바질을 너무 좋아했거든요. 그러다 입맛 까다로운 아이에게 먹일 색색의 당근과 방울토마토를 키우면 좋겠단 생각에 텃밭을 시작했는데, 텃밭은 겨울에 끝나는지라 겨울에도 초록식물이 보고 싶어 실내에 하나, 둘 늘려가게 되었습니다.

Q 가장 애착이 가는 식물의 종류와 그 이유는?

A 백섬 선인장이예요! 제가 식물 키우는 것에 취미가 생긴 것을 아시고는 엄마가 처음 사주신 화분이예요. 저희 집 거실은 자연광이 안 들어와서 조촐하게 LED 식물등으로 근근히 식물을 늘리던 때였어요. 엄마가 장날 구경시켜 준다고 화분이 많은 곳에 데려가셔서는 하나 사주시겠다고 하더라고요. 초보 식집사에겐 어려운 숙제 같은 선인장이지만

너무 좋았어요. 예전에 양재 꽃시장가서도 몇 번을 들었다 놨다 했던 기억이 있었거든요.

6년쯤 되었을까요? 현재는 모양이 조금 못나졌지만 몇 번을 잘라내고도 쑥쑥 크고 있어요. 언젠간 수형을 다듬어 올곧게 키워내는 게 목표입니다.

Q 식물을 키우면서 가장 좋았던 점과 어려웠던 점을 알려주세요.

A 좋았던 점은, 식물이 정서적으로 매우 좋다는 것을 알고 아이를 위해 처음 시작했지만 오히려 저에게 더 정서적으로 도움이 되었다는 거예요. 아이를 36개월까지 어린이집을 보내지 않고 제가 키웠는데, 저녁에 아이를 재우고 나면 저 자신을 위한 시간이 없다는 생각에 힘든 순간이 왔었어요. 그런데 아이가 잠들고 조용한 밤 시간에 식물들을 다듬다 보면 마음이 차분해지고 머리도 맑아지는 기분이 들더라고요.

반대로 어려웠던 점이라면 환경에 적응시키는 것이에요. 식물에 가장 우선적으로 필요한 것이 빛인데, 저희 집 거실은 건물 사이 1층이라 빛이 들어오지 않아요. 베란다가 아닌 거실이다 보니 창문도 못 여는 장마철엔 벌레들까지 극성이 되어서 더욱 어렵답니다.

Q 처음 식물을 키우는 초보 집사들에게 식물을 추천해 주신다면?

A '칼라데아 크테난테 아마그리스'요. 예전에는 보기 힘든 희귀 식물이었는데 지금은 화원에서 흔하게 볼 수 있습니다. 크게 자리를 차지하지도 않고 빛도 많이 필요로 하지 않아서 소소하게 인테리어 효과를 높일 수 있는 식물이라고 생각해요. 분갈이하면서 제일 바깥쪽 촉을 떼어서 새 화분에 꽂아 두면 금방 뿌리 내리니 번식시키기도 쉬워요. 잎에 무광으로 무늬도 있어서 고급스러운 느낌도 줍니다.

Q 식물을 키우고 싶어하는 사람들에게 해주고 싶은 말이 있나요?

A 저는 키우기 쉬운 식물은 없다고 생각해요. 화원에서 초보도 쉽게 키우는 식물이라고 추천해서 데려온 후에 식물이 죽으면, '내가 재능이 없나?'라고 생각할 수 있어요. 하지만 간단한 요리를 하는데도 레시피와 방법이 있는 것처럼, 식물도 그냥 잘 자라는 것은 없다고 생각합니다.

화원이나 꽃집에서 전문가의 의견만 듣지 말고, 내가 키우려는 식물을 한 번이라도 직접 검색해 봤으면 좋겠어요. 각각의 집마다 환경이 매우 다르기 때문이에요. 실제로 키우는 사람들이 써놓은 관찰기록을 몇 개만 읽어봐도 대략적인 방법을 알 수 있답니다. 그리고 부지런해야 해요. 할 일을 내일로 미루면 식물에게는 치명적일 수 있어요. 물을 줘야 할 때는 주고, 분갈이 해야 할 때가 되면 해야 합니다.

Q 앞으로 도전해보고 싶은 식물이 있으신가요?

나름 꽤 많은 식물을 키워봤어요. 희귀식물도 키워봤고요. 특히 먹을 수 있는 텃밭식물은 토마토만 해도 100종 가까이 키워본 것 같아요. 그래서 오히려 지금은 먹을 수 있는 식물보다 관엽식물에 더 관심이 많아졌어요.

제 현재 환경상 가장 어렵고 손을 못 대고 있는 식물이 유칼립투스랑 마오리소포라예요. 인공 식물 조명이 어디까지 커버할 수 있는지 잘 모르고, 습하고 더운 여름엔 통풍과 온도 조절이 얼마나 가능할지 자신이 없거든요. 자연광이 잘 드는 집으로 이사를 가게 되면 대형 유칼립투스에 꼭 도전하고 싶어요.

Q 파밍순 팀에게 바라는 점을 알려주세요!

파밍순의 정보 덕에 그 동안 대략적으로만 알고 넘어갔던 정보를 재점검하고, 더 깊이 알고 키워야 겠다는 다짐을 항상 해요. 제가 놓치고 가던 지식들을 앞으로도 꾸준히 올려주셨으면 좋겠어요. 사실 지금도 충분히 도움 되고 있답니다!

초록상사 님의 식물 생활 (◎ choroksangsa) (b https://blog.naver.com/chorksangsa)

Q 어떤 계기로 식물을 처음 키우게 되셨나요?

A 마음 한 켠의 빈 공간을 채우기 위해 식물을 키우기 시작했어요.

Q 가장 애착이 가는 식물의 종류와 그 이유는?

A 고무나무입니다. 초보 식물 집사 때부터 키웠는데, 잘 죽지 않고 어떤 환경에서도 잘 적응하며 살아요.

Q 식물을 키우면서 가장 좋았던 점과 어려웠던 점을 알려주세요.

A 오랜 시간 옆에서 묵묵히 잘 자라는 식물을 볼 때 가장 기분이 좋습니다. 어려웠던 점은 열대 희귀 식물에 새로 입문하면서 제 미숙한 케어 때문에 초록별로 보내버린 식물들이 꽤 있다는 점이에요. 더 열심히 공부하고 있습니다.

Q 처음 식물을 키우는 초보 집사들에게 식물을 추천해 주신다면?

A 키우기 쉽고, 우직하게 자리를 지키는 고무나무와 필로덴드론, 그리고 입문하기 좋은 식물인 몬스테라를 추천해요.

Q 식물을 키우고 싶어하는 사람들에게 해주고 싶은 말이 있나요?

A 처음부터 의욕이 넘쳐서 한꺼번에 여러 종류의 식물을 들이지 마시고, 한 종류씩 케어하는 방법을 공부하면서 식물을 천천히 늘리는 것이 좋다고 생각해요.

Q 앞으로 도전해보고 싶은 식물이 있으신가요?

A 아프리카 괴근식물 키우기에 도전하고 싶어요.

Q 파밍순 팀에게 바라는 점을 알려주세요!

A 관심있는 농작물이나 식물 케어에 유용한 정보를 쏙쏙 알기 쉽게 그림과 함께 전해주셔서 아주 흥미롭게 항상 보고 있어요. 책으로도 출간해 주시면 좋을 것 같아요.

에필로그 / 파밍순이 전하고 싶은 것

농사, 텃밭, 가드닝 지식채널 '파밍순'을 약 2년 가까이 운영해오다, 좋은 기회가 생겨 식물과 가드닝에 관한 책을 내게 되었습니다. 그동안 파밍순은 인스타그램과 블로그에서 약 2만 명 규모의 구독자 분들께 소식을 전하게 되었습니다. 구독해주시는 분들이 늘어나면서, 식물 키우는 법에 관해 많은 질문을 메시지로 주십니다. 최대한 모두 답장을 해드리고 있지만 각각의 식물과 환경, 키우는 분의 노하우가 모두 달라 때로는 답변을 드리기 어려울 때도 있었습니다.

하지만 모든 질문의 목적은 같았습니다. 우리 집(또는 밭)의 식물을 잘 키우는 것, 부디 이 책이 여러분의 식물 생활에 조금이나마 도움이 되었으면 하는 바람입니다. 식물을 키우는 것이 아직도 어렵게만 느껴진다면, 아래의 몇 가지만 기억하세요.

1 / 식물을 자주 관찰하세요.

아무리 작은 식물이라도 나름대로 가장 좋아하는 환경이 있습니다. 식물이 건강하게 잘 자라기 위해서는 물, 빛, 토양, 온·습도, 통풍(바람)이 고루 잘 갖춰져야 합니다. 하루 중 잠깐이라도 시간을 내어 식물의 상태와 주변의 환경을 체크해주세요.

새 흙 또는 더 큰 집(화분)이 필요하다면 분갈이를 하고, 흙의 마름 정도에 따라 추가로 물을 주거나 주기를 늦추고, 잎의 상태에 따라 잎 따기 또는 가지치기를 해주세요. 모든 상황에 적용 가능한 '마스터키'를 찾기보다는 자주 상황을 관찰하고 그것에 맞는 처방을 내려야 합니다.

2 / 식물에는 많은 변수가 존재해요.

공식에 맞게 딱딱 자라나면 좋겠지만, 식물은 살아있는 생명체이기 때문에 뜻하지 않은 결과가 나타나기도 합니다. 항상 보기 좋은 상태로 유지하기는 어려울 수 있습니다. 아무리 좋은 책을 읽고 많은 영상을 본다 해도, 결과는 천차만별일 수 있습니다. 살아있는 생명체를 키우는 것에 책과 영상은 참고일 뿐이라는 것을 인지하시고, 다양한 식물과 상황에 대한 경험을 쌓아보세요.

3 / 천천히 식물의 속도에 맞춰보세요.

빠르게 자라나는 반려동물들과 다르게, 식물은 매우 천천히 자라나고 반응 속도도 늦습니다. 그래서 식물을 키우는 것은 많은 인내심과 기다림이 필요한 일입니다. 빨리 키우는 공간을 밝혀 주기를 바라는 조급한 마음보다는, 식물의 성장과 반응을 인내심 있게 기다려주세요.

파밍순과 언제나 함께해요

파밍순 운영팀은 식물 집사, 구독자 분들을 위해 항상 열려 있습니다. 식물 키우기에 대해 궁금한 점이 생길 때는 인스타그램과 블로그를 통해 언제든 편하게 문의하세요. 최대한 빠르게 답장을 드리고 있습니다. 관엽식물 외에도 텃밭 채소, 농사, 식품에 관해 다양한 이야기를 다루고 있습니다.

초보 식물 집사를 위한

파밍순의
홈가드닝 가이드

1판 1쇄 발행 2023년 07월 28일

저　자 | 파밍순
발 행 인 | 김길수
발 행 처 | (주)영진닷컴
주　소 | (우)08507 서울특별시 금천구 가산디지털1로 128
STX-V 타워 4층 401호
등　록 | 2007. 4. 27. 제16-4189호

ISBN | 978-89-314-6753-6

YoungJin.com Y.
영진닷컴